防雷工程与检测
实用技术

黄中根　编著

中国出版集团　　现代出版社

图书在版编目（ＣＩＰ）数据

防雷工程与检测实用技术 / 黄中根著 . —北京：
现代出版社，２０２２.８
　　ISBN　978-7-5143-9941-7
　　Ⅰ. ①防…Ⅱ. ①黄…Ⅲ. ①防雷工程Ⅳ.
① TM862

中国版本图书馆 CIP 数据核字（2022）第 142657 号

防雷工程与检测实用技术

著　　　者：黄中根
责任编辑：刘　刚
出版发行：现代出版社
地　　　址：北京市安定门外安华里 504 号
邮　　　编：100011
电　　　话：010-64267325　010-64245264（兼传真）
网　　　址：www.1980xd.com
印　　　刷：北京建宏印刷有限公司
开　　　本：170mm×240mm　1/16
印　　　张：11.25
字　　　数：162 千字
版　　　次：2022 年 8 月第一版　印　次：2022 年 8 月第一次印刷
书　　　号：ISBN　978-7-5143-9941-7
定　　　价：79.00 元

《防雷工程与检测实用技术》

编委会

前　言

　　雷电是大自然的放电现象，具有电流大、时间短的特点，且它的破坏力极强，常常造成巨大的人员伤亡或经济损失。近年来，由于地方政府和气象部门加大了雷电灾害防御知识的科普宣传力度，陆续出台了雷电灾害防御的管理办法，特别是雷电防护技术的推广措施，大大降低了雷电灾害造成的损失，取得了一定的成效。但农村地区和城乡接合部，因防雷安全意识缺乏，每年雷击致人死亡事件时有发生。

　　另外，由于气候的变化，极端恶劣天气增多，从历史的闪电数据分析，雷电的强度越来越大，造成的破坏也越来越大。雷电除造成建筑物损坏和森林火灾以外，对电力、广播电视、航空航天、邮电通信、国防建设、交通运输、石油化工、电子工业等几乎各行各业都产生危害，特别是电子计算机的普及和微电子设备对雷电电磁脉冲的敏感，更使雷电灾害的危害程度加剧，经济损失剧增。因雷电造成的直接经济损失达几百亿元。

　　基于雷电灾害的严重性，中国气象局 2001 年就颁布了《中华人民共和国气象法》，之后又出台了《防雷减灾管理办法》，目的就是规范和完善防雷工程的设计、施工和检测标准，确保所有新、改、扩建建筑物的防雷工程安全、有效，真正保护人民生命和财产安全。

　　本书在编写过程中，李玉塔、孙逊、强裕君、尹哲、龚阳森都提出了宝贵意见，在此向他们表示感谢。

内容提要

　　本书共分为四章,第一章为"雷电原理简述",第二章为"防雷工程质量控制",第三章为"防雷技术方案实例"(几种具有代表性行业的设计方案实例),第四章为"防雷检测实用技术",最后为"附录"(含规范性附录和资料性附录)。

　　第一章简要讲述了雷电的形成过程、雷电的分类、雷电的相关参数、雷电的危害等。第二章防雷工程质量控制是笔者多年来在建设项目中的经验总结,主要介绍了工程勘察阶段、工程设计阶段、工程施工准备阶段、现场施工阶段和工程竣工验收阶段等各个环节的质量控制,着重总结了施工安全管理具体措施,在确保工程质量的前提下如何进行安全控制等。第三章为防雷技术方案实例,以四种场所为例:一是农村地区整村防雷改造(农村地区雷电灾害多发区)方案;二是数据通信机房的综合防雷改造设计;三是工矿企业炸药库的防雷改造技术方案;四是高山通信站的防雷改造设计等。第四章为防雷检测实用技术,介绍了各检测项目的测量操作方法以及判断依据等。最后为附录部分,其中一部分为施工或检测过程中需要填写的相关表格,另一部分为本书所引用的现行国家技术规范、行业技术规范和标准等。

　　本书可供从事防雷工程的方案设计人员、施工人员、监理人员及工程验收人员使用,也可供专业防雷检测人员使用或用作雷电防护技术培训教材,还可以供房地产开发商、工程项目经理、建设项目业主、工程承包商参考。

　　由于编者水平有限,有些内容还带有自身认识的片面性,书中有不足之处,敬请专家、同行不吝指正。

目　录

第一章　雷电原理简述

雷云放电是雷电致灾的根源，为了有效地抑制雷害，就要研究雷电的放电过程和放电特性，掌握雷电放电特性的参数。这些参数是经过长期的观测与试验逐步积累起来的，是进行防雷分析和防雷设计所必需的基本数据。

1.1　雷雨云

雷暴的分类：根据雷暴中出现单体的数目和强度，可以分成单细胞雷暴、多单体雷暴以及超单体雷暴三种。

1.1.1　单细胞雷暴

（1）形成阶段：从初生的淡积云发展为浓积云，一般只要 10～15min，云是上升气流。

（2）成熟阶段：从浓积云到积雨云，可以持续 15～30min。

（3）消散阶段：在消散时，上升气流减弱直至消失，气层由不稳定变为稳定。

1.1.2　多单体雷暴

这种雷暴是由一连串不同发展阶段的雷暴单体组成，每一单体都经历形成、成熟和消亡三个阶段。

1.1.3　超单体雷暴

是指强度更大、更加持久，能造成更为强烈的灾害性天气的单体雷暴，有着高度组织化和十分稳定的内部环流，它与风的垂直切变有密切关系。超级单体是连续移动，而不是离散传播。它一般发生于下面条件下：

（1）强烈的不稳定；

（2）云层平均环境风很强，达 10m/s 以上；

（3）有强风速垂直切变；

（4）云层上风向顺转。

按照雷暴形成时不同的大气条件和地形条件，一般将雷暴分为热雷暴、锋雷暴和地形雷暴三大类。锋雷暴本身又可分为暖锋雷暴和冷锋雷暴。此外，也有人把冬季发生的雷暴划为一类，称为冬季雷暴。

1.1.4 雷暴云的移动

（1）移动或平流：这是风暴在其发展的整个生命期内受气流的吹动而沿平均风方向移动的过程。

（2）强迫传播：是指一个对流雷电云团受到某种外界强迫机制而持续再生的过程，这种强迫机制尺度通常要比对流风暴大。外部强迫机制有如象锋、与中纬度气旋相联的辐合带、海陆风、与山脉有关的辐合、热带气旋中的辐合、由消散雷暴的低层外流边界及因外部强迫机制激发的重力波等。提供强迫传播的天气系统的生命要比雷暴云的生命脉长。

（3）自传播过程：指雷暴可以自行再生或在同一整体系统内产生类似雷暴单体。自传播机制的例子有下沉气流强迫和阵风锋、上升气流增暖产生的强迫、由于雷暴旋转引起的垂直气压梯度发展以及雷暴引起的重力波的触发作用，产生低空辐合区增强区。

1.1.5 雷暴云的电荷分布

积雨云中的大气体电荷分布是复杂的，但可以看成三个电荷集中区，最高的集中区为正电荷，中间区为负电荷，最低区为正电荷。在云下方的地面上观测，云是带负电的。从远离积雨云处观测时，积雨云显示出电偶极子的特性。

1.2 雷电的形成过程

1.2.1 雷云的电结构

1.2.1.1 大气中存在着电场

日常生活中常常可以观察到在教堂的尖顶上、渔船的桅杆上或高压电线上有淡紫色光笼罩，可以听到刺刺声，嗅到臭氧及氧化氮味道，它是一种尖端放电，发生在带电场曲率半径最小的表面位置附近，说明此处大气电场很不均匀，此处大气中存在着电场。

　　大气电场强度是随时间、空间变化而变化的。大气电场强度的多样取决于云层的带电量，即与空间电荷分布有关。大气中含有大量带电离子，有正离子也有负离子，由于正、负离子的存在，大气具有微弱导电性。这些带电离子的运动和不同带电离子的分离、聚集，产生大气电场、电流，导致大气中雷电的产生。

1.2.1.2　雷雨云中的电荷分布模型

　　根据科学工作者大量直接观测的结果，典型的雷雨云中的电荷分布大体如图 1.2-1 所示。

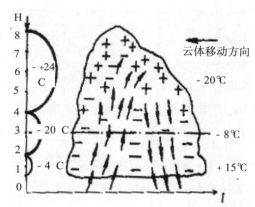

图 1.2-1　雷雨云中电荷的典型分布（左端是按理论归纳的理想模式，右端是雷雨云常见的电荷的实际分布。其中：H 为相对地面的高度；I 为水平距离；C 为库伦）

1.2.2　雷云起电机制

　　雷云是如何产生电，是弄清雷电如何产生的重要科学课题，引起众多大气物理学家的关注，先后提出几十种雷云起电机制理论。然而，由于到雷云中去观测、实验的困难以及在实验室做模拟实验的局限性，关于雷云的起电机制迄今为止仍然处于探索阶段。

1.2.2.1　雷云起电的一些特征

　　（1）对于单个雷暴产生降水和闪电活动的平均持续时间为 30min；

　　（2）在一次闪电中破坏的电场强度是 3～4kV/cm，晴空中击穿电场则要高得多（30kV/cm）；

（3）在大块雷云中，电荷的产生和分离发生在 -5～-40C 高度为界的区域中，半径大约有 2 千米；

（4）负电荷常常集中在 -10～-20C 高度之间，正电荷在其上数千米处，有时在云底附近发现有一个次级正电荷区，而在中尺度系统中的负的空间电荷中心位置可以略微低一些，接近冻结高度；

（5）电荷的产生和分离过程与降水发展关系密切，虽然空间电荷中心似乎在垂直方向和水平方向都与主降水核心区有偏离。

1.2.2.2　产生闪电要求的电场强度

道森（1969）使处于电场中单个水滴在气压小于 650hPa 时产生电晕需最小场强为：$E_{pc} \approx 703P(\sigma/r_0)^{1/2}/T$

公式中：P—— 大气压力

σ—— 水的表面张力

r_0—— 等效雨滴半径

T—— 温度

结果表明，对于液态云粒中放电场强至少要超过 900kV/m。Griffiths 和 Latham（1974）研究冰晶始晕得出 400～500kV/m 的场强足以使雷暴中的冰开始放电。

1.2.2.3　目前几种流行的起电机制假说

（1）破碎起电机制

一个下落的大水滴在下落中受到气流的作用变得不稳定，同时形成一个由上升气流支撑的不断扩大的以液体圆环为外边界的环状大口袋，最后，当口袋破裂时产生许多小水滴，圆环则破裂成几个较大的水滴。如图 1.2-2 所示，水滴能达到的带电量并不多，大约比实际观测量至少小两个数量级。

若考虑到云中水滴下沉时已存在晴天大气电场，使水滴感应起电，在破碎后大小水滴所获得的电量就大多了，而且积雨云中的大气电场又会随着体电荷的生成而逐渐增大，使水滴感应带电的电量也同步增大。根据这一理论补充而推算出来的积雨云的总带电量与实际测值的平均比较接近。

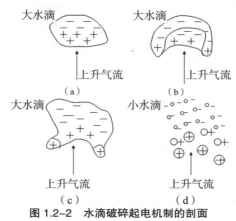

图 1.2-2 水滴破碎起电机制的剖面

（2）感应起电机制

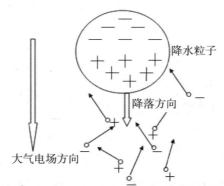

图 1.2-3 降水粒子选择扑俘离子的起电机制降落方向

晴天有大气电场积雨云形成时，云中含降水粒子在初始大气电场作用下产生电荷。如图 1.2-3 所示，这种极化的水滴在下沉过程中与大气离子相遇，将俘获与下部电荷异号的离子，显然这些下沉的水滴将带负电荷，大气正离子则受其斥力而上升，于是在云中下部形成负电荷区，其上部为正电荷区。

这一学说的定性解释令人满意，但估算出电场强度的时间变化 dE/dt 的数值，作定量解说时，遇到了困难，例如，推算出电场增大到 $500V \cdot cm^{-1}$ 需要时间超过 40min，还未达到产生闪电的程度。所以，这一学说只可以说明积雨云的起始阶段。

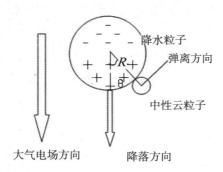

图 1.2-4 中性云粒子与降水粒子碰撞弹离的起电机制

修改后的感应起电学说如图 1.2-4 所示，下沉的降水粒子不一定是液态，还可能是冰晶、霰粒等大粒子，下沉时极化带电，上升气流携带的中性云粒子与它相碰撞，当接触时间大于电荷传递所需时间（约 10^{-2} -10^{-1}s）时，弹离的粒子将带走极化粒子下部的部分正电荷。

若把这些颗粒简化看成球，大小粒子的半径各为 R 及 r，下沉极化粒子相对中性云粒子的速度为 v，a 为弹离系数，n 为中性云粒子的数密度，则可推得电荷产生率为：

$$dq_2/dt = -\pi^3 R^2 v_2 nar^2 (E\cos\theta /2 + q_2/6R^2)$$

式中 q_2 代表下沉的降水粒子携带的电荷。

若把各种粒子碰撞都计算之后，可推算出大气电场的增长率 dE/dt 的理论公式，把各种估计参数代入，可估算出，当大气电场达 $3\times10^3 \text{V}\cdot\text{cm}^{-1}$ 时，云中荷电区水平范围为 2km 时，电荷总电量应为 33C。修改后的感应起电学说被认为是积雨云起电机制之一。

1.3 雷电的分类

1.3.1 闪电的部位分类

根据闪电部位可分成云闪和地闪两类。

（1）云闪：是指不与大地和地物发生接触的闪电，包括以下三类。

①云内闪电：指云内不同符号荷电中心之间的放电过程；

②云际闪电：两块云中不同符号荷电中心之间的放电过程；

③云空闪电：指云内荷电中心与云外大气中不同符号荷电中心之间的放电过程。

（2）地闪：是指云内荷电中心与大地和地物之间的放电过程，也指与大地和地物发生接触的闪电（如云际闪电的闪电通道与地面的建筑物接触）。

1.3.2　闪电的形状分类

根据闪电的形状，可以分为线状闪电、带状闪电、片状闪电、球状闪电和连珠状闪电。

线状闪电最为常见，包括线状云闪和线状地闪。线状闪电的形状蜿蜒曲折，类似树枝状，所以也称"枝状闪电"。线状闪电具有若干次放电，其中每次放电过程称为一次闪击。

线状闪电一般都是一种蜿蜒曲折的巨型电气火花，长 2 ~ 3 千米，也有长达10 千米的，是闪电中最强烈的一种，对电力、电信系统及人畜和建筑物等威胁最大。当雷云与大地间或雷云相互间的电场强度由于游离电荷的逐渐累积而增长到足以使空气绝缘破坏的强度（最高时可达 100kV/m）时，会产生一种强烈的放电现象，在放电的瞬间具有极大的能量，电压可累积到 10000 ~ 100000kV，放电电流可高达数十万安培，而放电时间只不过是千万分之几秒。线状闪电大多是雷云与大地间的放电，但也有的是雷云之间的放电。

带状闪电是宽达十几米的闪电，比线状闪电要宽几百倍，看上去像一条亮带，所以称之为"带状闪电"。它是由于线状闪电的通道受强风影响而移动，致使闪电中的各次闪击的空间位置在水平方向上分开而呈带状。

片状闪电是出现在云的表面上的闪光，有时可能是被云块遮没的火花闪电的延光，也可能是在云的上部发出来的丛集的、若隐若现的一种特殊的放电作用的光。这种闪电，表示云中电场的能量虽然已经足够产生放电作用，但是新加入的电量却太少，以致在闪烁放电尚未转变到火花（线状）放电以前，原有的储电量已经用完了。仅仅伴随有片状闪电的雷暴属于弱的一类，对电力系统一般只会引入不大的感应过电压。

球状闪电看上去像一团火球，因而称为"球状闪电"。球状闪电是一种不太常见而又会造成一定危害的奇异闪电，通常在有强雷暴时出现。它外观呈球状，由拳头般大小到足球大小的球体反光体组成，直径 10～20cm（也有小于 1cm 甚至大到 10m 的），呈红、橙或黄色，存在时间小于 5s（少数超过 1min），活动速度不快，水平移动速度通常为每秒数米，可以看到移动，移动的路径极不规则，往往与风向一致。有时能停在半空中不动或由空中向地面降落。球状闪电有爱钻缝的癖性，消失时常伴有爆炸并发出巨响，也有无声无息消失的，消失处常有一股像臭氧或一氧化氮的气味。

1.3.3　闪电的声音

根据闪电有无声音，可以分为有声闪电和无声闪电。

有声闪电是一种明亮的电气火花放电，同时还伴有强大的响声，这就是雷声。雷声的大小与闪电的强弱相应。雷不仅仅是由于空气在温度高达 18000℃ 左右的闪电通道中因突然强烈受热和随之而起的急速冷却，致空气因激素膨胀和压缩的振动而发生的响声；同时，雷也是水和空气在高压（火花）的作用下分解所产生的瓦斯爆炸时发出的声音。由于爆炸波的特性、多次放电的声音来回反射等关系，雷声隆隆不绝。

无声闪电中最常见的一种是被叫作"爱尔马圣火"的闪电，由于暴风雨等原因，大气中的电场强度大大地增长起来，在地球表面的突出物体附近，电场强度很容易达到 30kV/cm 的强度，导致在突出部分大声静寂放电。这是一种并非雷云与大地间放电和没有雷声的闪光现象，实际上就是尖端电晕放电现象。

1.4　雷电参数

在防雷设计中，需要提出一些参数来描述雷电放电的特性。雷电放电与海拔、气象、地质等许多自然因素有关，在很大程度上具有随机性。描述雷电放电特性的参数也具有明显的统计性质。世界各国经过多年的观测记录，得出了许多雷电参数的统计数据，这些参数主要包括雷暴日与雷暴小时、地面落雷密度和雷电流波形等。

1.4.1　雷暴日及雷区的划分（引用 GB 50343—2012）

雷暴日的定义：在一天内，只要听到雷声（一次或一次以上）就算一个雷暴日。

不同年份观测到的雷暴日数变化较大，一般取多年的平均值，即年平均雷暴日。

我国各地年平均雷暴日的多少与当地所处的纬度和距离海洋的远近有关。按年平均雷暴日数，地区雷暴日等级划分为少雷区、中雷区、多雷区、强雷区。

少雷区：年平均雷暴日在 25d 及以下的地区；

中雷区：年平均雷暴日大于 25d，不超过 40d 的地区；

多雷区：年平均雷暴日大于 40d，不超过 90d 的地区；

强雷区：年平均雷暴日在 90d 及以上的地区。

1.4.2　雷电流波形与能量（引用 GB 50057—2010）

大量的观测表明，雷电流是具有单极性的脉冲波形（区别于周期性的波形）。80% ~ 90% 的雷电流是负极性的，少数的雷电流为正极性，正极性的雷电流比负极性的要大。一次雷电平均包括 3 ~ 4 次放电。首次雷击的电流幅值最高，因此对防雷设计（尤其是直击雷的防护）至关重要，后续雷击的波头比首次雷击要陡，后续雷击对于雷电感应的防护相当重要。

对于建筑物防雷设计来说，一般将雷击分为首次雷击和后续雷击两种情况，并规定相应的波形参数（见表 1.4-1 至表 1.4-4）。

表 1.4-1　首次正极性雷击的雷电流参量

雷电流参数	防雷建筑物类别		
	一类	二类	三类
I幅值（kA）	200	150	100
T_1波头时间（μs）	10	10	10
T_2半值时间（μs）	350	350	350
Qs电荷量（C）	100	75	50
W/R单位能量（MJ/Ω）	10	5.6	2.5

注：

1.因为全部电荷量Qs的本质部分包括在首次雷击中，故所规定的值考虑合并了所有短时间雷击的电荷量。

2.由于单位能量W/R的本质部分包括在首次雷击中，故所规定的值考虑合并了所有短时间雷击的单位能量。

表 1.4-2　首次负极性雷击的雷电流参量

雷电流参数	防雷建筑物类别		
	一类	二类	三类
I幅值（kA）	100	75	50
波头时间T$_1$（μs）	1	1	1
半值时间T$_2$（μs）	200	200	200
平均陡度I／T1（kA/μs）	100	75	50

表 1.4-3　首次负极性以后雷击的雷电流参量

雷电流参数	防雷建筑物类别		
	一类	二类	三类
I幅值（kA）	50	37.5	25
波头时间T$_1$（μs）	0.25	0.25	0.25
半值时间T$_2$（μs）	100	100	100
平均陡度I／T$_1$（kA/μs）	200	150	100

表 1.4-4　长时间雷击的雷电流参量

雷电流参数	防雷建筑物类别		
	一类	二类	三类
Q$_1$电荷量（C）	200	150	100
T时间（s）	0.5	0.5	0.5

平均电流 I≈Q_1／T

关于雷电流的波形参数——幅值、波头和波长时间等，在长期的观测记录中累计了大量的数据，基本的规律大致接近，具体的数据有比较大的分散性，其原因是：

雷电放电本身的随机性受到各地气象、地形和地质等自然条件的影响；

测量手段和测量技术水平不同。

（引用 GB 50057—2010）

1.5　雷电的形成机制与危害

两个多世纪以前，美国科学家富兰克林发明了避雷针，建筑物上安装避雷针后得到了一定的保护。但近几十年来，随着科学技术的发展，特别是微电子技术的快速进步，雷电的危害越来越频繁，造成的经济损失越来越大，简单的避雷针不能完全保护各种建（构）筑物、人和电子设备。原来很少遭受雷电袭击的行业近年来也频频受害。据不完全统计，我国每年因雷电灾害造成的直接经济损失达几亿甚至几十亿元，死亡人数上千。

1.5.1　雷电的形成机制

雷电是由雷云（带电的云层）对地面建（构）筑物及大地的自然放电引起的，它会对建（构）筑物或设备产生严重破坏。因此，我们对雷电的形成过程及其放电条件应有所了解，从而采取适当的措施，保护建（构）筑物不受雷击。

在天气闷热潮湿的时候，地面上的水受热变为蒸气，并且随地面的受热空气而上升，在空中与冷空气相遇，使上升的水蒸气凝结成水滴，形成积雨云。云中水滴受强烈气流吹袭，分裂为一些小水滴和大水滴，大水滴带正电荷，小水滴带负电荷。带负电的小水滴随风聚集形成了雷云；带正电的大水滴常常向地面降落而形成雨或悬浮在空中。由于静电感应，带负电的雷云，在大地表面感应有正电荷。这样，雷云与大地间形成了一个大的电容器。当电场强度很大，超过大气的击穿强度时，即发生了雷云与大地间的放电，就是一般所说的雷击。

1.5.2　雷电的危害及类型

雷电的危害体现为雷电的热效应、机械效应、过电压效应以及电磁效应。

1.5.2.1　雷电的热效应

2003 年 3 月 5 日凌晨 3 点钟左右，江西省九江化工厂遭受雷击发生爆炸，爆炸的威力很大，附近的房屋有明显的震感，有多处房屋受损，街面的许多玻璃被震碎。据调查，此次爆炸是由雷电引起的，造成的直接经济损失超过 120 万元。2019 年 7 月 31 日，庐山大天池景区因雷击引发森林火灾等。这是由于雷电流对被击中物体产生热效应，温度迅速上升，结果导致被击中物体燃烧或熔化。

通常情况下，尽管雷电流的峰值很高，但由于持续时间很短，只能产生局部瞬时高温，使雷击点处局部体积的金属发生熔化。对于大体积的金属，雷电流产生的热效应的熔化能力是相当有限的。遭到雷击的架空明线若线径较细就有可能断线，接闪杆在经受雷击之后，其表面呈黑色。如果雷击发生在易燃易爆场所，就会因高温而引起火灾。特别是球形雷，所到之处，物体大都被烧焦。

1.5.2.2 雷电的机械效应

载有电流的一段孤立导体会受到沿半径方向向内的自压缩力。在导体表面磁场强度达到很大时，将会出现强烈的机械扭曲。径向自压缩力也会使被雷击物体的温度上升，但导致温度上升的主要因素还是雷电流产生的焦耳热。

雷击物体时，材料的屈服点会由于焦耳热而降低，径向自压缩力有可能超过材料的屈服点，从而使被击中物体材料发生形变或使原本组合在一起的不同材料发生剥离、分层或脱模。同时，自压缩力也是产生球形雷的原因。

在雷击时，电流通道里面充满了炽热的空气分子和正负离子，雷电流产生强大的磁场，通道里面的正负离子在洛仑兹力的作用下压缩通道，即自压缩力。由于通道的部分差异，在通道比较脆弱的部位将断开，闪亮的通道就变成了一个个火球，特别热的火球要比其他火球存在的时间长，我们能看到的几乎就只有一个特别热的火球。这就是我们看到的球形雷了。如果大多数的火球都特别热，会看到许多的球形雷串成一串，就像一串珠子。因为通道自身还要受热膨胀，所以不可能经常看到球形雷。

1.5.2.3 雷电的过电压效应

地闪发生之前，空中出现雷云。由于静电感应，正对雷云下方的地面（建筑物或其他物体）会感应出异号的正电荷。如果雷云下方有大面积的金属建筑物，且对地绝缘，则在静电感应所引起的高电压作用下，金属体对其下方的某些接地物体将会造成火花放电，导致设备和人员的损坏和伤亡，还可能会引发火灾。如果顶部金属体的接地引线在某个部位断开或电阻过大，则在这些部位也将出现高电压造成局部火花放电，危及建筑物内设备和人员的安全。要减小雷电静电感应的危害程度，就需要将建筑物顶部金属体良好接地，尽快将感应电荷泄放入地。即使有引地线，由于雷电流具有大而且变化急速的特点，接地线不可避免存在电感和电阻，也会在引地线上产生极高的电压。当雷电击中大树或者其他的物体时，雷电流经过这些物体也会形成过电压。

当雷电击中电力线路时，雷电流需经过电力线路泄入大地。即使雷电没有击中电力线路，当雷击发生后，导线上感应的异号电荷失去束缚，也会向导线两侧流动。这些电流通过线路侵入变电站或袭击电气设备，在设备上形成过电压。当过电压高于设备的额定雷电冲击耐受电压时，设备就会损坏。

1.5.2.4 雷电的电磁效应

一方面，由于雷电流在 $50 \sim 100 \mu s$ 的时间内，从 0 变化到几万甚至几十万安，再由几万甚至几十万安变化到 0，在其周围空间会产生瞬变的强电磁场。这种瞬变雷电压会产生巨大的雷电流，当雷电流流经防雷装置时会造成防雷装置的电位瞬间升高，这样的高电位作用在电气线路、电气设备或金属管道上，可能引起电气设备绝缘被破坏，造成高压蹿入低压系统，可能直接导致接触电压和跨步电压造成事故。

另一方面，由于雷电流的迅速变化，在周围空间里会产生强大而且变化的磁场，处于空间变化的强电磁场中的物体，由于电磁感应，在其内部就会产生很高的感应电动势。以前，由于它的成灾概率极小，没有引起人们的注意，但随着微电子技术的重大进展，超大规模集成电路诞生，它的能耗小、灵敏度极高等特点，使其容易被损坏，引起人们的重视；同时闪电能辐射出频率从几赫兹到几千赫兹的电磁波，有很宽的频带，其主要以 5~10kHZ 的电磁辐射强度最大。这些电磁波对通信设备会产生严重的危害，轻则干扰电视广播信号，重则扰乱指挥系统，损坏仪器设备。雷击时，在与雷击发生处较近的地方，静电感应引起的危害是主要的;在与雷击发生处较远的地方，电磁感应引起的危害是主要的。

第二章 防雷工程质量控制

　　防雷工程在工程勘测（察）、设计、施工前以及施工过程中总会碰到一些问题，以致工程无法顺利实施。为促使工程施工的各个环节有序开展，并得以按时、按质、按量地顺利完成，特编写本防雷工程质量控制要求。根据工程勘测（察）、设计、施工、验收等四个主要阶段的实际情况，提出各阶段质量管理的相关技术要求和规定，为便于理解，把各个阶段所需用到的文件表格以附件的形式收录在内。以微电子设备较多的通信系统为例，对各阶段的质量控制要求进行详细说明。

2.1　工程勘察阶段

2.1.1　认真了解建设方的工程立项要求，了解建设方实施该防雷工程所希望达到的目的或效果，确定防雷类别等。

2.1.2　认真了解建设方所要求的工程范围、项目投资规模以及预计的工程期限，掌握建设方具体需要安装哪些设备、建筑物或设备需要怎样进行防雷改造等。

2.1.3　对工程施工现场进行认真细致的实地测量（如对场地的几何尺寸、土壤电阻率、建筑物结构等的测量和记录），以获取第一手资料，作为工程设计依据。

2.1.4　特别是要测量建设方原有地网的地阻值，并做好记录。

2.1.5　向建设方认真了解施工现场的地质、地貌、地下线路走向等具体情况，并记录在案，必要时可采取现场拍照的方法，所得资料将作为设计依据。

2.1.6　与建设方共同协商确定电源浪涌保护器（SPD）、信号浪涌保护器（SPD）

等安装的位置，以及各级浪涌保护器在割接时的具体端口等，更好地完成工程设计，为工程施工做好准备。

2.2　工程设计阶段

2.2.1　建筑物的直击雷和雷电电磁脉冲（LEMP）的防护

在数字通信、智能和智慧信息系统高速发展的今天，雷电是数字通信、智能和智慧信息系统的一大公害，而数字通信、智能和智慧信息系统是自我防护能力相当脆弱的系统。因此，直击雷和雷电电磁脉冲（LEMP）的防护已成为数字通信、智能和智慧信息系统的一个极其重要的方面。

现有建筑物天面层普遍设置了铁塔、接闪杆、接闪带、接闪线等接闪装置见图 2.2-1，这些接闪装置都无一例外地利用建筑立柱内的钢筋作为雷电流引下线，从而导致建筑物内雷电电磁脉冲（LEMP）的强度大大提高，增加了对建筑

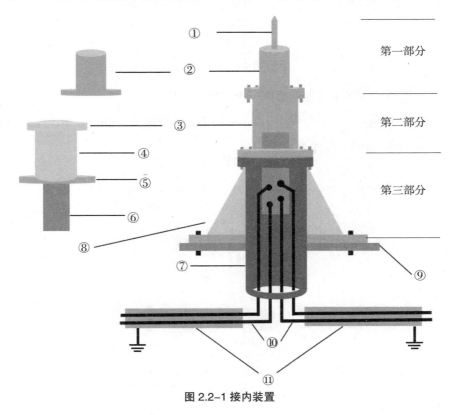

图 2.2-1 接内装置

物内设备损坏的风险。

为了有效减弱雷电流通过建筑物立柱产生的雷电电磁脉冲（LEMP）强度，提高防护能力，楼顶铁塔应改为完全独立接闪杆。

完全独立接闪杆及其专用雷电流引下线均与铁塔、建筑物立柱等钢筋完全绝缘，设置一个专门通道来引导雷电流，使接闪杆上的雷电流不通过建筑立柱而通过专门的引雷通道最快地泄放到大地。完全独立接闪杆的设计结构说明（见图 2.2-1）：

第一部分：加工成一个整体部件（见图 2.2-2），由①和②组成，其中：

①为 Φ16 ~ 22mm 的热镀锌圆钢；

②上端为 32mm 的钢管，与焊接，下端与法兰焊接，法兰直径 150mm。

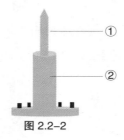

图 2.2-2

第二部分：由③④⑤⑥焊接成一个整体（见图 2.2-3）。

③和④均为法兰，⑤为内径 100mm 的钢管，壁厚 6 ~ 8mm。⑥为 60×6mm 或 50×5mm 的扁钢，与⑤焊接在一起。

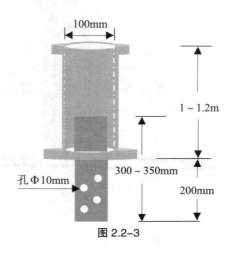

图 2.2-3

16

第三部分:⑦为环氧树脂管（含法兰）,⑧为固定基座,这两个部件重叠在一起。

其中，⑦用于绝缘，是本防雷系统的核心部件，⑦的中间为空心，内径150mm，管壁厚12mm，各尺寸如图2.2-4、图2.2-5所示。

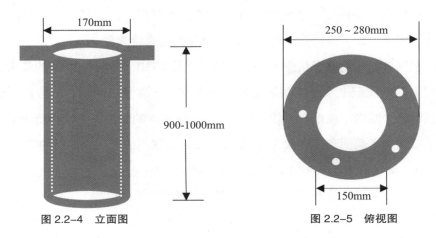

图 2.2-4 立面图   图 2.2-5 俯视图

⑧为固定基座，结构如图 2.2-6、图 2.2-7所示：基座内径应大于⑦环氧树脂管的外径 170mm 以上，确保⑦能自由套入⑧基座内，基座壁厚 8mm。

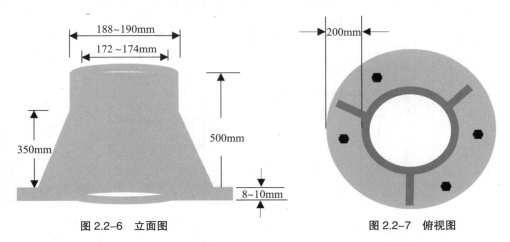

图 2.2-6 立面图   图 2.2-7 俯视图

⑨为固定基座的平台，这里指铁塔上的平台，采用厚 10mm 的钢板。

⑩为雷电流专用引下线，要求耐压值 ≥ 15kV，一般采用聚氯乙烯阻燃铜芯电力电缆。规格为 ZR-YJV × 10kV × 1 × 95mm^2，共 4 根。上端通过线饵连接至扁钢，下端每两根一组套钢管直接连接地网。

⑪为镀锌钢管或不锈钢管，要求钢管与接地装置可靠连接，且要求每 25m 连接一次。

2.2.2 低压配电系统的多级防雷保护

在数字通信的配电系统中，既有交流，也有直流，与其他行业相比具有代表性，因此，以下分析就以通信行业的低压配电系统为例。

根据《建筑物电子信息系统防雷技术规范》GB 50343—2012 的要求，微电子设备的低压配电系统的防护应采用分级保护、逐级协调配合的防护原则。电源系统防护原则上应采取包括一、二、三、四级在内的防护。如没有特殊情况（如施工或割接影响面和难度太大），电源系统应采取不少于一、二级的防护。

2.2.2.1 通信用电源系统的多级雷电防护组成

通信用电源系统的多级雷电防护组成如图 2.2-8 所示。

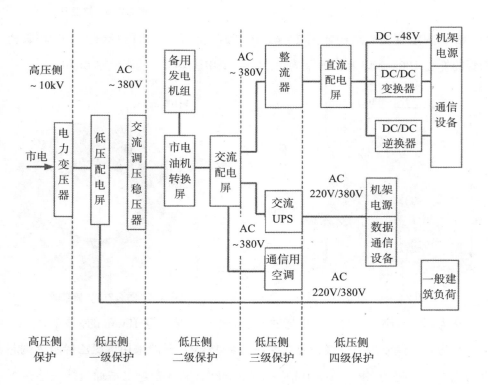

图 2.2-8 通信用电源系统的多级雷电防护组成

2.2.2.2　低压配电系统的第一级浪涌保护

变压器的输出端加装第一级电源浪涌保护器，如果接线不方便，则可在开关柜的输入端加装第一级电源浪涌保护器。

2.2.2.3　低压配电系统的第二级浪涌保护

在低压配电的分配柜、市电／发电机的转换柜、备用电源开关柜等输入端加装第二级电源浪涌保护器。

2.2.2.4　低压配电系统的第三级浪涌保护

在整流单元、不间断电源和其他重要设施的电源输入端宜加装第三级保护用电源浪涌保护器。当配电线路长度超过 20m 时，应在下一级开关处加装一级浪涌保护器（这里与前端同型号即可）

2.2.2.5　低压配电系统的第四级浪涌保护

在强雷地区（年平均雷暴日在 90d 及以上的地区），或与上一级浪涌保护器距离超过 20m 以上，可在设备输入端口（如 UPS 的输入端、直流配电屏输出端、交流转直流、直流转直流的逆变器输入端、直流转直流的变换柜加装四级保护用电源浪涌保护器。

2.2.3　通信保护用电源浪涌保护器

2.2.3.1　电源浪涌保护器的技术性能要求

通信保护用电源浪涌保护器的技术性能要求见表 2.2-1。

表 2.2-1　电源浪涌保护器的技术性能要求

保护级别	系统额定电压（V）	最大持续工作电压（V）	动作电压V（L-N，L-PE，N-PE）	漏电流（μA）	标称通流量（kA）	残压（V）	保护模式	告警功能
第一级	~220（/380）	≥ ~300	≥450	≤20	≥80	≤4000	差模、共模	有
第二级	~220（/380）	≥ ~300	≥450	≤20	≥40	≤2500	差模、共模	有
第三级	~220（/380）	≥ ~275	≥420	≤20	≥20	≤1800	差模、共模	有
第四级	~220（/380）	≥ ~275	≥420	≤20	≥10	≤1500	差模、共模	有
	-48（直流）	≥60	≥80	≤20	≥5	≤200	差模、共模	有
	-24（直流）	≥30	≥40	≤20	≥5	≤200	差模、共模	有
	-12（直流）	≥15	≥24	≤20	≥5	≤200	差模、共模	有

说明：

如果测试时辅助电路对直流动作电压和漏电流有较大影响，应断开辅助电路（如告警电路）进行测试。

2.2.3.2　电源浪涌保护器的选择和应用原则

（1）电源浪涌保护器有并联型、串联型之分。并联型电源浪涌保护器残压相对较高，但安装方便，并且不受负载额定工作电流大小的限制；串联型电源浪涌保护器残压相对较低，它串接在电源中，但安装较不方便，可靠性不高，并且受负载额定工作电流大小的限制。应根据不同需要，选择合适的电源浪涌保护器。对于通信系统电源的防雷，原则上选用并联型电源浪涌保护器。

（2）电源浪涌保护器的保护模式有共模和差模两种方式。共模保护指相线地线（L-PE）、零线—地线（N-PE）间的保护；差模保护指相线—零线（L—N）、相线—相线（L-L）间的保护。对于低压侧第二、三、四级保护，除选择共模的保护方式外，还应尽量选择包括差模在内的保护（引用国际电工委员会 IECE-61643）。

（3）残压是电源浪涌保护器的最重要特性，残压越低，保护效果就越好。但考虑到我国电网电压普遍不稳定、波动范围大的实际情况，在尽量选择残压较低的电源浪涌保护器的同时，还必须考虑浪涌保护器有足够高的最大连续工作电压。如果最大连续工作电压偏低，则易造成浪涌保护器自毁。（引用 GB/T18802.1—2011/IEC　61643）

（4）通信系统的设备多以脉冲数字电路为主，它对雷电的敏感度极高，为了有效保护通信设备，它的低压配电系统一般考虑安装三级甚至四级电涌保护器，并应根据拦截效率，来选择通流容量和电压保护水平相适应的电源浪涌保护器。

（5）通信电源浪涌保护器，应该选择具有遥测功能的电源浪涌保护器。

（6）选择电源浪涌保护器连接引线的线径时，应严格按照 GB 50343—2012 的要求，当引线长度超过 1.0m 时，应加大引线的截面积。

（7）电源浪涌保护器的接地：接地线应符合 GB 50343—2012 的规定要求，长度越短越好。

2.2.4　数据 / 信号接口电路的防护

数据多媒体通信设备不同物理形式、不同传输速率的接口电路较多，对各种接口进行全面的直接保护是不现实的。而有针对性地选择重要的电接口进行合适的雷电防护却是非常有必要的。

2.2.4.1 需要保护的接口

针对通信设备的特点，以及根据有关的雷害调查结果，重点对下列几类接口电路采取合适的避雷措施。

（1）局端设备

① 对多媒体网络设备，对使用 UPT5 连接电缆且长度超过 15m 以上的重要的或骨干网络设备（如网络交换和路由设备）的 10/100BaseT 电接口，根据实际需要可加装 RJ45 数据接口浪涌保护器，最好是选用标准 19 英寸机架固定式的多路 RJ45 配线保护器；

② 从基础数据、会议电视等设备到传输设备之间的连接电缆超过 15m 长的 E1 电接口电路，根据实际需要，可加装 E1 接口保护用数据浪涌保护器；

③ 连接电缆长度超过 15m 的网管维护管理接口（RS232、RJ45），根据实际需要，可加装 RS232/RJ45 接口保护用数据浪涌保护器。

（2）大容量用户、商业用户侧设备：对于业务容量较大的用户侧数据网络设备的防护，须重点保护的是以太网接口（10/100BaseT），通常称为 RJ45 接口。

（3）散户小户设备：对于零散的小容量用户的设备防护，须重点保护的是 DNIC 数字接口、MODEM 接口。物理形式通常都为 RJ11。

2.2.4.2 数据/信号接口浪涌保护器

（1）数据/信号接口浪涌保护器的基本技术性能要求见表 2.2-2.：

表 2.2-2 数据/信号接口浪涌保护器的基本技术性能要求

接口避雷器类型	线间动作电压（V）	限制电压（V）	通流量 8/20μs（A）	插入损耗（dB）	驻波比	响应时间（ns）	传输速率（bps）	对地动作电压（A）
E1（同轴/对称）	6	≤10	200	<0.5	<1.2	≤10	2M	≥60
10/100Base-T（RJ45）	6	≤10	200	<0.5	<1.2	≤10	100M	≥60

接口避雷器类型	线间动作电压（V）	限制电压（V）	通流量 8/20μs（A）	插入损耗（dB）	驻波比	响应时间（ns）	传输速率（bps）	对地动作电压（A）
V.24（RS232）	20	≤30	200	<0.5	<1.2	<25	128K	≥60
DINC、Modem（RJ11）	8	≤12	1000	<0.5	<1.2	≤25	512K	≥90
	12	≤30	1000					≥90
	110	≤150	2000					≥230
	190	≤230	3000					≥230

（2）数据通信设备接口浪涌保护器的选择和应用原则

① 数据通信设备接口浪涌保护器的要求较高，应根据表 2.2-2 的性能要求进行选择，且能够提供国家权威机构出具的检测检验合格证书。

② 由于数据接口浪涌保护器都是以串联方式接入线路中，故应选择特性阻抗与线路相匹配的浪涌保护器。

③ 数据通信设备接口形式多种多样，应根据设备的传输速率选择匹配的接口用浪涌保护器。

④ 对于速率较高的数据设备接口，应选择影响数据传输性能参数最小的产品，且要求响应时间最短的数据接口浪涌保护器。

⑤ 接地要求：数据接口浪涌保护器的接地是关键，应严格按 GB 50343—2012 规定的连接线的线径、长度等材料规格要求。

2.2.5 数据通信机房内设备的防雷接地

数据通信机房的设备多，有配电设备、服务器、传输设备、交换机、控制设备、数据转换设备等，按照保护接地的原则，要求接地线越短越好，目的是减少地电位抬高产生反击而损坏设备，所以机房的接地系统应进行优化，提高对数据设备的保护效果。

2.2.5.1 通信设备防雷接地应遵守的基本原则

（1）整个通信系统仅设置一个接地基准点，地网连接至机房的接入点。

（2）设备地线系统采用星形（IBN）方式：即经过基准点连接到接地网的一种连接方式。如图 2.2-9 所示。IBN 实施原则如下：

① 设备接地线就近接至分汇流排（SGB）上，分汇流排尽量以最短的线路接至总地线汇流排（MGB）上，以防止电位反击造成设备数据运行错误，引起设备故障。

② 不同设备的地线、不同的分汇流排不能通过连接线叠加在一个螺丝上复接在一起，防止产生干扰，引起数据传输错误等现象。

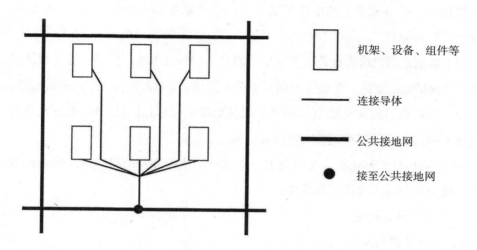

机架、设备、组件等

连接导体

公共接地网

接至公共接地网

图 2.2-9 设备地线的连接结构

2.2.5.2 设备的保护接地

（1）数据设备、传输设备的保护地和工作地要严格分开，不得将保护地和工作地相连。

（2）节点机、光端机的保护地不宜共用同一地线汇流排，应分别设置分汇流排，设备到各自地线分汇流排的连接地线应尽量短而粗。

（3）数字配线架（DDF）、光配线架（ODF）的保护地可直接与地线总汇流排（MGB）相接，或者通过该机房的地线分汇流排再连接到总汇流排上。

（4）进局光缆的金属铠装层、金属加强芯等不能接在传输机架上，应与传输设备地线绝缘，最好的做法是悬空或直接接到专为光缆设置的地排上，然后直接引入地网。

（5）数据通信机房内各种设备的保护地（机壳）、机架、列柜等应尽可能与墙面（柱面、地面）、立柱、楼板等钢筋绝缘。设备金属外壳、机架、各种金属机柜外壳之间应符合 GB 50343—2012、GB 50343—2012 的要求。

2.2.5.3　电源设备的保护接地

（1）所有交、直流用电及配电设备的正常不带电的金属部分、各级电源保护用浪涌保护器的接地端、UPS（包括电池架）、逆变电源等均应有保护接地。保护接地线不能与配电系统中的零线连接，即使原先是连接在一起的，防雷施工时也要将其分开。

（2）数据通信机房内计算机系统用电的每一相线及零线，应同时有一根从相应的交流保护地汇流排，或 UPS 电源设备分汇流排，或总汇流排上引出的接地线。

（3）数据设备机架交流电源插座上的接地线，应从相应的 UPS 电源设备分汇流排上引过来，再复接到各交流电源插座上。

（4）-48V 整流器正极、交流配电屏的保护地线排和零线排，应直接通过接地引入线分别与总汇流排可靠连接。

2.2.6　防雷地网的改造

2.2.6.1　接地地网的要求

数据通信机房的联合地网由以下几个地网构成：一是自然接地体装置（建筑物基础钢筋），二是人工接地装置，三是变压器地网。它还应充分利用埋于地下的其他金属管道作为接地体的一部分，它能起到降低接地电阻值的作用（散流作用）。

（1）接地地网电阻值要求

接地系统的好与坏，直接关系到数据通信设备防雷保护的效果。根据《建筑物防雷装置检测技术规范》GB/T 21431—2015 的规定，数据通信机房的防雷电阻值应 ≤ 1.0Ω。

（2）地网的分布面积

从科学防雷的角度看，除了电阻值符合规定要求，还应考虑地网的结构和分布面积。因为，小面积接地网的冲击接地电阻与低频接地电阻会有很大的差别，当直击雷电流流入时，尽管接地电阻小于 1.0Ω，但地网上还是会产生很大的地电位升。

（3）地网电阻测试点

通信大楼还应在合适的位置上设置专门的接地地网电阻测试点。

2.2.6.2 接地地网的改善措施

（1）新型接地技术

原有进出通信大楼各种管道、线路等较为密集，通常难以通过开挖沟道等一般传统施工方法来改造地网，而使用一些新型的接地技术是改造大楼旧地网的一种较好措施，它具有占地面积小的特点。

新型接地技术（装置）有：铜包钢、等离子化学接地极、低电阻率的接地模块、长效降阻剂等几种。它们共同的特点是施工方便、不受地理环境限制、使用寿命长。在选择使用新型接地装置的同时，务必要求制造商（或销售代理商）提供确切的产品质量保证以及完善的售后服务，包括施工安装的技术督导。

（2）环形接地体

根据周边环境情况，绕建筑物大楼安装环形人工接地装置，来扩大接地网的面积。这是一种传统的地网改善方式，但安装人工地网时，应避开排水沟。

2.3 工程施工准备阶段

2.3.1 工程施工前的准备工作

2.3.1.1 施工方工程负责人先要认真地阅读防雷工程设计文件或相关的技术方案，同时向施工人员详细介绍该工程的有关内容，并把工作任务落实好，使施工人员在进场施工前能够了解工程的劳动量、工程材料等基本情况，对自己的职责做到心中有数。

2.3.1.2 施工方工程负责人提前编写施工组织方案（样本见附录2），确定施工部署、施工顺序等，明确工程责任分工，做到调度有序。

2.3.1.3 施工方工程负责人根据工程量制定施工进度计划表（样本见附录2），并加盖好施工单位公章，送到建设方安排进场。

2.3.1.4 施工方向监理公司索取有关工程监理表格，以备施工方工程负责人在工程施工过程中做记录，待工程竣工时上交监理公司。

2.3.1.5 施工方工程负责人须预先向监理工程师获取工程交工技术文件格式，以备工程施工过程中使用。

2.3.1.6 组织工程材料（配料）（主要指采购设备、材料等）、工程用具等，施工单位后方仓库管理人员要对工程材料（配料）做到及时调配，以随时跟进工程进度。

2.3.1.7 在组织工程材料（配料）过程中，必须将工程材料（配料）和防雷设备的检测报告、合格证等有关证明材料收集好，并交由工程负责人员保管，以备监理公司监理人员或建设方随工人员核查。

2.3.1.8 调遣施工队，安排好施工人员，组织好施工工具等。

2.3.2 工程施工的进场要求

2.3.2.1 施工方在工程施工前先要与建设方随工人员或监理公司监理人员取得联系，将设计文件副本、开工报告、工程进度计划表传真给建设单位，并确认建设单位同意施工。

2.3.2.2 通知施工队收集施工人员的有关证件（身份证复印件、一寸免冠照片、电工证、电焊证等）与建设方人员一起到建设方办理施工人员出入证、动火证等，证件一般在建设方的保卫处进行办理（此项工作由建设方随工人员或监理人员协调办理）。

2.3.2.3 工程项目负责人必须根据设计文件的要求和施工现场的实际情况，认真审核工程材料（配料）、防雷设备的项目和数量，发现问题及时处理，务必做到准确无误。

2.3.2.4 施工方仓库管理人员将工程材料（配料）、防雷设备清点给施工队，再由施工队运到建设方施工现场，并清点给建设方随工人员，让随工人员或监理公司监理人员在设备签收单上签收确认并加盖公章。

2.3.3 设备安装位置的确定

在以往做过的防雷工程中，其工程设计文件对设备安装的位置往往只有一个大致说明，而没有具体的位置尺寸描述，因此要求施工前施工方会同建设方或监理公司有关人员，在施工现场协商确定设备安装的具体位置。其中包括确定地网、电源浪涌保护器、数据浪涌保护器、地线汇集排和接闪杆的具体安装位置，以及机房室内地线的架设、走向等。设备安装位置确定的具体原则如下：

2.3.3.1 地网安装位置的选择要求是远离行人过道，一般选择在大楼的阴面，并尽量避开地下装置（如电缆沟、水管等）。

2.3.3.2 电源浪涌保护器安装位置的选择要求：

（1）离电源取样点越近越好；

（2）尽量避开建筑物的立柱；

（3）安装高度由建设方人员或监理公司人员确定，施工方工程负责人可给予适当建议；

（4）电源浪涌保护器的地线安装长度要求越短越好。

2.3.3.3 地排安装位置的选择根据设计文件与建设方或监理公司人员协商确定。

2.3.3.4 室内地线的架设应与建设方或监理公司人员协商确定，但必须尽量避开数据信号线走线槽和电缆走线槽。

2.3.3.5 接闪杆的安装位置是唯一的，应严格按照设计文件所计算出来的位置进行安装施工。

2.4 现场施工阶段

2.4.1 电源浪涌保护器安装要求

在安装电源浪涌保护器时，应符合 GB 50343—2012 的要求。

电源浪涌保护器安装的基本要求如下：

（1）电源浪涌保护器的连接引线必须足够粗并尽可能短。

（2）引线截面积应符合表 2.4-1 的要求。

表 2.4–1 浪涌保护器连接引线最小截面积（引用 GB 50343—2012）

SPD级数	SPD的类型	引线截面积（mm^2）	
		SPD连接相线铜导线	SPD接地端连接铜导线
第一级	开关型或限压型	6.0	10.0
第二级	限压型	4.0	6.0

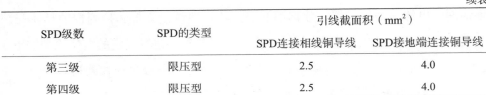

SPD级数	SPD的类型	引线截面积（mm²）	
		SPD连接相线铜导线	SPD接地端连接铜导线
第三级	限压型	2.5	4.0
第四级	限压型	2.5	4.0

（3）所有连接线的长度应≤0.5m，否则应增加接地汇流排或增大连接引线的横截面积。

（4）引线应平行敷设，不允许交叉缠绕。

2.4.2　地网的施工技术要求

2.4.2.1　水平或垂直接地体应敷设在无人行走且较隐蔽的场地；

2.4.2.2　接地装置应离机房建筑物基础3～8m（或散水点外）处沿基础四周而设。

2.4.2.3　水平接地体使用的材料符合《建筑物防雷设计规范》规定要求。

2.4.2.4　接地体应埋在地下≥0.5m深处。垂直接地体长度约为2.5m，在水平接地体上每隔5m分别放置一个垂直接地体。（引用GB 50057—2010）

2.4.2.5　新型接地体（棒）应埋在离地面约0.5m深处以下，通过热镀锌扁钢（50×5mm）或多股铜缆（截面积不小于95mm²）或不小于40×4mm的镀锡扁铜就近与建筑物基础立柱的主钢筋多点可靠焊接，共同组成联合地网；焊接应为搭接焊，焊缝长度应不小于材料直径的6倍或扁钢宽度的3倍。

2.4.2.6　在地网焊接时，焊接面积应≥6倍材料直径，且焊点必须作防腐蚀、锈处理。（引用GB 50057—2010）

2.4.2.7　回填土必须是导电状态较好的新黏土，如果遇砂石等导电性能差的土壤，则在回填时，应使用LCRP长效降阻剂以改善其导电性能。（引用GB 50057—2010）

2.4.2.8　地网的引下线必须由PVC套管引入机房或配电柜，在每个机房应建立地线汇流排，引下线宜采用截面积≥50mm²的多股铜线。

2.4.2.9　各地网应在地面下0.5m处与多根建筑物立柱钢筋焊接，并作防腐蚀、防锈处理。（引用GB 50057—2010）

2.4.3　室内设备地线系统改造的技术规范

2.4.3.1　总汇流排（MGB）实施细则

（1）设备地线总汇流排（MGB）通常应安装在通信大楼的电力室,距墙面（柱面）50mm，距地面200mm，并必须与墙面和柱面上的钢筋绝缘。

（2）地线总汇流排（MGB）应通过接地母线（至少1条不小于50mm²的铜缆、或2条不小于25mm²的铜缆或不小于40×4mm的镀锡扁铜）与联合地网就近可靠焊接。

（3）焊接应为搭接焊，焊缝长度应不小于材料直径的6倍。焊接点应作防腐处理，并尽量远离接闪器引下线在地网中的连接处。（引用GB 50057—2010　GB/T 21431—2015）

电力室在数据通信大楼内时，只需在电力室设置一个设备地线总汇流排，数据通信机房各种不同功能的设备地线分汇流排（SGB）最终都各自汇集到该总汇流排上。

电力室在数据通信大楼外时，除在电力室设置一个地线总汇流排外，还应在数据通信大楼地下室或底层等适当位置设置一个与总汇流排相同规格要求的地线汇流排，数据通信大楼各机房所有接地线最终都汇集到该汇流排上。同时，该地线汇流排也应通过接地引入线与地网就近焊接连通。两地线汇流排之间应用截面积不小于25mm²的多股铜导线连通。（引用GB 50057—2010）

2.4.3.2　分汇流排（SGB）实施细则

数据通信大楼通常包括基础数据业务（DDN、分组交换、帧中继）、多媒体、会议电视、主机托管、网管中心、传输、电源（配电）等不同功能的机房和设备。各功能机房均应在机房适当位置设置相应的设备地线分汇流排（SGB）。

如果数据通信设备与移动、程控交换、微波、卫星等其他通信设备共处同一机房，则应设置单独的数据设备地线分汇流排，并单独引到设备总汇流排上，而不应与其他类型的通信设备共用地线分汇流排。

地线汇流排和接地线的要求见表2.4-2。（引用GB 50343—2012）

表 2.4-2　汇流排和接地线的要求

名称	材料、规格	备注
地线总汇流排	铜排：不小于500×100×10mm 螺丝孔：Φ12.5mm 铜螺丝：12×5mm	铜排大小和螺栓孔数目应根据机房设备数量确定，与墙面和立柱上的钢筋绝缘
地线分汇流排	铜排：不小于400×80×10mm 螺丝孔：Φ12.5mm 铜螺丝：12×5mm	铜排大小和螺栓孔数目应根据机房设备数量确定，与墙面和立柱上的钢筋绝缘
总汇流排与公共接地网的接地母线	镀锌扁钢：不小于40×4mm 铜缆：截面积不小于50mm² 镀锡扁钢：不小于30×3mm	截面积应根据最大负荷电流确定。引入线长度不宜超过10m，否则应采取至少2根以上引入线复接至地网
分汇流排与总汇流排间的连接地线	铜缆：截面积不小于50mm²	远离建筑物作为雷电流引下线的立柱
设备接地端与分汇流排间的连接地线	铜缆：截面积不小于25mm²	截面积应根据最大负荷电流确定。严禁使用裸线连接

说明：在汇流排上固定地线的要求

　　1.所有接地线与总汇流排、分汇流排连接时，均要用铜线饵、铜螺栓、铜螺帽及弹簧垫片紧固，严禁不通过线饵、螺栓、螺帽及垫片直接将接地线固定在汇流排上。

　　2.一个螺栓孔和一个螺栓只能接一根地线。

2.4.4　独立接闪杆的安装工艺和技术要求

2.4.4.1　在铁塔顶上安装独立式接闪杆系统时，应撤除铁塔顶上的原接闪杆。同时，在施工时，应确保独立接闪杆以及雷电流专用引下线均与铁塔、建筑物立柱等钢筋完全绝缘。

2.4.4.2　独立接闪杆安装在铁塔顶上时，应保证接闪杆比铁塔高出5m以上。

2.4.4.3　安装在铁塔上的独立接闪杆基座应牢靠地固定在铁塔顶上，独立接闪杆的抗风压能力不能低于700N/m²。

2.4.4.4　独立接闪杆雷电流专用引下线应使用截面积不小于95mm²的耐高压绝缘铜缆。其雷电流专用引下线原则上为4条，至少不能少于2条。

2.4.4.5　雷电流专用引下线还应套上至少两层绝缘塑料管沿远离（至少5m）数据通信机房的建筑物外墙四边（或角）直接引入地网。

2.4.4.6　铁塔基座雷电流专用引下线：为了分流独立接闪杆上的雷电流通过专用引下线时在铁塔上产生的感应电流，以及闪电万一没有打在铁塔顶上的接闪杆而是打在铁塔钢筋上，还应在大楼顶铁塔基座四脚分别可靠焊接

4条（不能少于2条）截面积不小于95mm²的铜缆，并套上至少两层绝缘塑料管沿远离（至少5m）数据通信机房的建筑物外墙四边（或角）直接引入地网。

2.4.4.7　雷电流专用引下线的入地点应远离（至少5m）总汇流排（MGB）的入地点。

2.4.4.8　雷电流专用引下线直接引入地网时，应与大楼建筑物基础地网在地面0.7m以下深度通过镀锌扁钢（不小于50×5mm）可靠焊接。焊接应为双面搭接焊，焊缝长度应不小于材料直径的6倍。（引用GB 50057—2010　GB/T 21431—2015）

2.4.4.9　所有焊接点必须进行防腐处理（如沥青、绝缘漆等）。

2.4.5　工程施工安全（引用GB 50169—2016　GB 50303—2015）

2.4.5.1　总则

工程施工严格按国家或行业安全标准、规范或规定进行。

2.4.5.2　安全规程

本规程是结合国家制定的《工厂企业电工安全规程》和《建筑施工高处作业安全技术规范》，根据公司工程施工中的实际情况，同时使施工人员在施工过程中有章可循，特制定后面的"电气安装安全操作规范"和"高空施工安全技术操作规范"，具体内容请见后面章节。另外，如在工程施工中的安全问题超出这两个规范，则应参照其他相关规定，采取相应的安全措施。

2.4.5.3　安全管理措施

实行施工安全工作监护制度，每个工地都要指定安全监护人。对违反安全操作规定的操作人员和监护人员进行处罚，具体规定另行制定。

电气安装工程施工过程中实行以下的安全组织措施：

（1）工作许可制度

在电气设备上进行工作时，必须事先取得建设单位施工许可证，同时还需经过工程安全监护人员的同意，未经许可，不准擅自进行工作。

在电气设备上进行工作时，包括不停电工作和停电工作两种，不停电工作中还包括带电作业在内。如采取不停电工作时，必须通报值班人员在何处进行何种作业，当发生异常情况时，能迅速处理，以免造成事态的恶化或进一步扩大。当进行带电作业等不停电工作时，必须办理许可手续，并做好各项安全措施。

在电气设备上进行停电工作时，必须事先办理停电申请，并在工作前征得工作许可人的许可，方可开始工作。

（注：工作许可人是发出许可命令的指令人）

（2）工作监护制度

① 工作监护制度是保证施工人员人身安全的主要措施

执行工作监护制度，可使施工人员受到监护人的指导与监督，及时纠正错误的操作。获得工作许可手续后，监护人必须始终守候在施工现场，做到对施工人员的安全负责。全部停电时，施工人员可以进行工作；部分停电时，施工人员集中在一个工作地点且在确认没电的情况下，方能参加施工。监护人除对有触电危险的情况进行监护外，还应对施工复杂、容易发生其他事故的情况进行监护，做到尽可能地纠正和制止一切违章作业和错误做法。对特殊危险的工作，还可增设专职监护人员。

② 监护人的职权范围

部分停电时，监护人应时刻提醒施工人员执行操作规程，保持规定的安全距离。

带电作业时，除应监护施工人员的活动范围外，还应注意施工人员是否正确使用工具、工作位置是否安全、操作方法是否正确等。

工作中，监护人如有事离开时，必须另行指定监护人并告知施工人员。

监护人发现施工人员有不正确的动作或者违反操作规程的做法时，应及时提出纠正，必要时可令其停止作业，并立即向上级部门报告。

监护人在执行监护时，不应兼做其他工作，但在下列情况下，监护人可以参加班组的工作：全部停电时；机房内部停电时，只有在安全措施可靠，施工人员集中在一个点，施工人员和监护人不超过三人的情况下；所有室内、室外带电部分均有可靠的安全遮拦，完全可以做到防止触电的可能性时。

（3）工作间断、转移和终结制度

① 工作间断和转移制度是对在工作间断和转移后，是否需要另行履行工作许可手续而作出的规定。因此，实际上它属于工作许可制度的一个方面，该制度规定了当天内的工作间断后继续工作无须再次征得许可，而对隔日的工作间断，次日复工时则应重新履行工作许可手续。

② 工作终结制度是为了防止向有人工作的设备错误合闸送电的制约措施，它是工作许可制度的结束，因此，两者间有密切的关系。也就是说只有在执行好许可制度的情况下，才能正确地履行工作终结手续。

③ 工作终结送电前，进行安全检查的内容如下：工作负责人员要会同值班人员对设备进行检查；拆除临时遮拦、临时接地线和标识牌，恢复常设遮拦，并换挂新标识牌等；清点现场工具和材料；工作负责人对工作范围进行全面检查，认为无问题后宣布工作终结。待全体工作人员撤离现场后，方可办理送电手续；送电后，工作负责人应检查设备情况，运行正常后才能离开现场。

2.4.5.4 电气安装安全规程

任何电气设备未经检电，一律视为有电，不准用手触及。

剔槽打眼时，锤把必须牢固，不得松动，錾子应无飞刺。剔混凝土槽打望天眼时，必须戴好防护眼镜。使用大锤打眼时，禁止用手拿錾子，必须用火钳拿錾子，以免大锤伤手、伤人。握锤把不许戴手套。打锤人应站在掌錾人的侧面，严禁站在对面。

扫管、穿钢丝和穿线时，双方要一呼一应有节奏地进行，不要用力过猛，以免伤手。

剥、削线头时刀口要向外，用力不要过猛，防止伤及手指。

用大锤砸地极时，要注意高度适当，锤砸下时要稳、准，防止飞锤。扶地极者要站在侧面，不能摇晃，最好用大钳卡住，人距地极要远些，以免被打伤。

平整角钢时，要两人配合好，步调一致，平行操作，以防震荡。

在高空作业时，应遵守后面"高空作业安全操作规程"，必须戴好安全帽。高处工作传递物件严禁抛掷。

在带电设备附近工作时，禁止使用金属卷尺测量。

使用电动工具时，应戴绝缘手套，并站在绝缘垫上。电动工具的金属外壳必须接地。严禁将电动工具的外壳接地线与工作零线拧在一起接入插座。必须使用两线带地或三线带地插座，或者将外壳接地线单独接到地线上，以防接触不良引起漏电。用软电缆连接地线以防漏电。

使用喷灯时，油量不得超过容积的四分之三；打气要妥当，不得使用漏油、漏气的喷灯；在高压设备附近使用喷灯时，火焰与带电部分的距离规定为：电压在 10kV 及以下时不得小于 1.5 米；电压在 10kV 以上时不得小于 3 米。不得在带电导线、带电调设备、变压器、油库及易燃物附近点喷灯。

梯子不得垫高使用，梯子与地面的夹角以 60 度左右为宜，同时必须要有防滑措施，没有搭钩的梯子在工作中必须有人搀扶，使用"人"字梯子时要用拉绳系牢。不准使用钉子钉成的梯子，电力室内有使用权的梯子应符合电工绝缘要求等。

电器和线路拆除后，必须用绝缘胶布将线头包扎好。拆除高压电动机或电器后，遗留线头必须短路接地。

安装灯头时，开关必须接在火线上，灯口螺纹必须接在零线上。

在通信电力机房工作时，必须经所在单位领导同意，并由值班人员停电、验电、装设地线、悬挂标示牌和设临时遮拦等，会同工作负责人检查并办理许可签字手续后方可进行。工作时必须由两人以上一起工作。

在电容器组回路上工作时，必须将电容器逐个地放电并接地。

工作结束后，工作人员应清扫、整理现场。工作负责人应进行周密的检查，待全体工作人员撤离现场后，向值班人员详细交代工作内容和问题，并且共同检查，然后办理工作终结手续。

在带电设备的附近工作时，必须设专人监护。带电设备只能在工作人员的前面或一侧，否则应停电进行。

低压设备带电工作时，必须设专人监护，工作中要戴工作帽，穿长衣服，戴绝缘手套，用有绝缘柄的工具，站在干燥的绝缘物上进行工作，相邻的带电部位应用绝缘板隔开，严禁使用金属尺和带有金属物的毛刷、毛掸等工具。

在高压室内使用梯子工作时，要注意安放位置，使梯子倒下也不致接触到带电部位。

在配电室内搬动梯子、管子等长物时，应两人放倒搬运，并与带电部位保持足够的安全距离。

挖坑时的注意事项：挖坑前必须调查地下管道、电缆等地下设施情况。事先要和主管单位联系，做好防护措施，对施工人员要交代清楚；在超过 1.5 米深的坑内工作时，抛土要注意土石回落坑内；在松软土地挖坑时，应加挡板、撑木等防止塌方；在居民区及交通道路附近挖坑时，应设标识遮栏，夜间挂红灯；在石坑、冻土坑上打眼时，应检查锤把、锤头和钢钎。打锤人应站在扶钎人的侧面，严禁站在对面，并且不得戴手套打锤。

2.4.5.5　高空安全施工细则

（1）总则

为了在建筑施工高处作业中，贯彻安全生产方针，做到防护要求明确，技术合理和经济适用，制定本规范。

本规范适用于工业与民用房屋建筑及一般构筑物施工时，高处作业中临边、洞口、攀登、悬空、操作平台及交叉等项作业。本规范亦适用于其他高处作业的各类洞、坑、沟、槽等工程的施工。

本规范所称的高处作业，应符合国家标准《高处作业分级》GB 3608—2008 规定的"凡在坠落高度基准面 2m 以上（含 2m）有可能坠落的高处进行的作业"。

进行高处作业时，除执行本规范外，还应符合国家现行的有关高处作业及安全技术标准的规定。

（2）基本规定

高处作业的安全技术措施及其所需料具，必须列入工程的施工组织方案。

施工负责人应对工程的高处作业安全技术负责，并建立相应的责任制。施工前，应逐级进行安全技术教育、交底，落实所有安全技术措施和人身防护用品等，未经落实不得进行施工。

高处作业中的安全标志、工具、仪表、电气设施和各种设备，必须在施工前加以检查，确认其完好，方能投入使用。

攀登和悬空高处作业人员、在搭设高处作业的人员，必须经过专业考试合格，持证上岗，并必须定期进行体格检查。

施工中对高处作业的安全技术设施，发现有缺陷和隐患时，必须及时解决；危及人身安全时，必须停止作业。

施工作业场所有有坠落可能的物件，应一律先行撤除或加以固定；高处作业所用的物料，均应堆放平稳，不妨碍通行和装卸。工具应随手放入工具袋；作业中的走道、通道板和安全用具，应随时清扫干净；拆卸下的物件及余料和废料均应及时清理运走，不得任意放置或者向下丢弃。传递物件禁止抛掷。

雨天和雪天进行高处作业时，必须采取可靠的防滑、防寒和防冻措施。凡水、冰、霜、雪均应及时清除；对进行高处作业的高耸建筑物，应事先设置避雷措施。遇到六级以上强风、浓雾等恶劣天气，不得进行露天攀登与悬空高处作业。暴风雪及台风、暴雨后，应对高处作业安全设施逐一加以检查，发现有松动、变形、损坏或脱落等现象，应立即修理完善。

因作业必需，临时拆除或变动安全防护设施时，必须经施工负责人同意，并采取相应的可靠措施，作业后应立即恢复。

防护棚搭设与拆除时，应设警戒区并派专人监护，严禁上下同时拆除。

高处作业安全设施的主要受力支杠，力学计算按一般结构力学公式，强度及挠度计算按现行有关规范进行，但钢受弯构件的强度计算不考虑塑性影响，构造上应符合现行的相应规范的要求。

（3）临边与洞口作业的安全防护

① 对临边高处作业，必须设置防护措施并符合下列规定：

基坑周边，尚未安装拦杆或栏板的阳台、料台与挑平台周边，雨篷与挑檐边，无外脚手架的屋面与楼层周边等处，都必须设置防护栏杆。

头层墙高度超过 3.2m 的二层楼面周边以及无外脚手架的高度超过 3.2m 的楼面周边，必须在外围架设安全平网一道。

分层施工的楼梯口和梯段边，必须安装临时护栏。顶层楼梯口应随工程结构进度安装正式防护栏杆。

井架与施工用电梯和脚手架等与建筑物通道的两侧，必须设防护栏杆。地面通道上部须装设安全防护棚。双笼井架通道中间，应予以分隔封闭。

各种垂直运输接料平台，除两侧设防护栏杆外，平台口还应设置安全门或者活动防护栏杆。

② 临边防护栏杆杆件的规格及其连接要求，应符合下列规定：

竹横杆小头有效直径不应小于 70mm，栏杆柱小头直径不应小于 80mm，并必须用不小于 16 号的镀锌钢丝绑扎，不应少于 3 圈，并无泻滑。

原本横杆上杆梢径不应小于 70mm，下杆梢径不应小于 60mm，栏杆柱梢径不应小于 75mm，并须用相应长度的圆钉钉紧，或用小于 12 号的镀锌钢丝绑扎，要求表面平顺，稳固无动摇。

筋横杆上杆直径不应小于 16mm，下杆直径不应小于 14mm，栏杆柱直径不应小于 18mm，采用电焊或镀锌钢丝绑扎固定。

管横杆及栏杆柱均采用 Φ48×（2.75~3.5）mm 的管材，以扣件或电焊固定。

其他钢材如角钢等作防护栏杆时，应选用强度相当的规格，以电焊固定。

③ 搭设临边防护栏杆时，必须符合以下要求：

a 防护栏杆应由上、下两道横杆及柱栏杆组成，上杆离地高度为 1.0~1.2m，下杆离地高度为 0.5~0.6m。坡度大于 1:2.2 的屋面，防护栏杆应高 1.5m，并加挂安全立网。除经设计计算外，横杆长度大于 2m 时，必须架设栏杆柱。

b 栏杆柱的固定应符合下列要求：

当在基坑四周固定时，可采用钢管并打入地面 50~70cm 深。钢管离边口的距离，不应小于 50cm。当基坑周边采用板桩时，钢管可打在板桩外侧。

当在混凝土楼面、屋面或者墙面固定时，可用预埋件以钢管或钢筋焊牢。采用竹、木栏杆时，可在预埋件上焊接 30cm 长的 L50×5 角钢，其上下各钻一孔，然后用 10mm 螺栓与竹、木栏杆拴牢。

当在砖或砌块等砌体上固定时，可预先砌入规格相适应的 80×6 弯转扁钢作预埋铁的混凝土块，然后用上项方法固定。

杆柱的固定及其与横杆的连接，其整体构造应使防护栏杆在上杆任何处，能经受任何方向的1000N外力。当栏杆所处位置发生人群拥挤、车辆冲击或物体碰撞等可能时，应加大横杆截面或加密柱距。

防护栏杆必须自上而下用安全立网封闭，或者在栏杆下边设置严密固定的高度不低于18cm的挡脚板或40cm的挡脚笆。挡脚板与挡脚笆上如有孔眼，不应大于25mm。板与笆下边距离底面的空隙不应大于10mm。接料平台两侧的栏杆，必须自上而下加挂安全立网或满扎竹笆。

当临边的外侧面临街道时，除防护栏杆外，敞口立面必须采取满挂安全网或者其他安全可靠措施做全封闭处理。

④ 洞口作业

a 进行洞口作业以及在因工程和工序需要而产生的，使人与物有坠落危险或危及人身安全的其他洞口进行高处作业时，必须按下列规定设置防护设施：

板与墙的洞口，必须设置牢固的盖板、防护栏杆、安全网或其他防坠落的防护设施。

电梯井口必须设防护栏杆或固定棚门；电梯井内应每隔两层并最多隔10m设一道安全网。

钢管桩、钻孔桩等桩孔上口，杯形、条形等基础上口，未填土的坑槽以及人孔、天窗、地板门等处，均应按洞口防护设置稳固的盖件。

施工现场通道附近的各类洞口与坑槽等处，除设置防护设施与安全标志外，夜间还应设红灯示警。

b 洞口根据具体情况采取设防护栏杆、加盖件、张挂安全网与装栅门等措施时，必须符合下列要求：

楼板、屋面和平台等面上短边尺寸小于25cm但大于2.5cm的孔口，必须用坚实的盖板盖没。盖板应能防止挪动移位。

楼板面等处边长为25~50cm的洞口，安装预制构件时的洞口以及缺件临时形成的洞口，可用竹、木等作盖板，盖住洞口。盖板必须能保持四周搁置均衡，并有固定其位置的措施。

边长为 50~150cm 的洞口，必须设置以扣件扣接钢管而成网格，并在其上满铺竹笆或脚手架。也可采用贯穿于混凝土板内的钢筋构成防护网，钢筋网格间距不得大于 20cm。

边长在 150cm 以上的洞口，四周设防护栏杆，洞口下张设安全平网。

垃圾井道和烟道，应随楼层的砌筑或安装而消除洞口，或参照预留洞口作防护，管道井施工时，除按上款办理外，还应架设明显标志。如有临时性拆移，需经施工负责人核准，工作完毕后必须恢复防护设施。

位于车辆行驶道旁的洞口、深沟与管道坑、槽，所加盖板应能承受不小于当地额定卡车后轮有效承载力 2 倍的负载。

墙面等处的竖向洞口，凡落地的洞口应加装开关式、工具式或固定式的防护门。门栅网格的间距不应大于 15cm，也可采用防护栏杆，下设挡脚板（笆）。

下边沿至楼板或底面低于 80cm 的窗台等竖向洞口，如侧边落差大于 2m 时，应加设 1.2m 高的临时防护栏。

（4）攀登与悬空作业的安全防护

在施工组织设计中应确定用于现场施工的登高和攀登设施。现场登高应借助建筑结构或脚手架的登高设施，也可采用载人的垂直运输设备。进行攀登作业时可使用梯子或采用其他攀登设施。

柱、梁和行车梁等构件吊装所需的直爬梯及其他登高用拉攀件，应在构件施工图或说明内作出规定。

攀登的用具，结构构造上必须牢固可靠。供人上下的踏板其使用荷载不应大于 1100N。当梯面上有特殊作业，重量超过上述荷载时，应按实际情况加以验算。

移动式梯子，均应按现行的国家标准验收其质量。

梯脚底部应坚实，不得垫高使用。梯子的上端应有牢固措施。立梯工作角度以 75°±5° 为宜，踏板上下间距以 30cm 为宜，不得有缺档。

梯子如需接长使用，必须有可靠的连接措施，且接头不得超过 1 处。连接后梯梁的强度，不应低于单梯。

2.4.6 隐蔽工程的测试与记录

2.4.6.1 在防雷工程施工过程中，有很大一部分工程（如地网、地线系统）属隐蔽工程，而对工程的隐蔽部分都必须逐项进行测量，并在防雷单项改造工程隐蔽工程随工记录表上作详细的记录（样本见附录4）。

2.4.6.2 在对隐蔽工程的测试过程中，必须要有建设单位的随工人员或监理公司人员在场监督，同时要求监督人员在测试记录表上签名，确认测试的数据真实有效。

2.4.7 电源浪涌保护器割接的有关规定（以电信局防雷工程为例）

低压配电系统浪涌保护器安装工作结束以后，须向建设单位提出有关电源浪涌保护器割接的申请，以便建设单位选择具体的割接时间。

2.4.7.1 上报流程

施工单位提出申请→上报当地局→上报当地局建设部、安保部、运维部→上报省运维部→上报省数据局

2.4.7.2 电源浪涌保护器割接实施细则

必须确定割接开始的时间以及持续的时间，并确定割接总负责人。

采用停电后再布线的方案：

（1）根据设计文件由电信局方和施工单位人员共同确定浪涌保护器及其空气开关的位置，进行浪涌保护器至空气开关的安装连线，并确认空气开关处于断开状态。

（2）在配电柜外度量导线的长度，确定导线路由并确定及固定好墙上的PVC线槽。

（3）目测配电柜或市/油转换柜线饵及其配套螺丝的规格。柜门必须由建设方人员打开，并严格按照安全规定进行。

（4）先做好配电柜或市/油转换柜端导线线饵的压接工作，另一端（空气开关端）则先准备好各种工具。

（5）将导线两端用绝缘胶布包好。

（6）建设方人员检查并确认准备工作完备后，由建设方实施停电，油机发电。

用试电笔确认已经完全停电后，放置夹板。

（7）按规定路由在配电柜或市／油转换柜端穿线、固定线饵，进行布线，同时有人在空气开关一端裁线、剥线、接线。

（8）完成以上工序后，由建设方人员和施工单位人员双方互相检查，确认所有工序完毕。然后，用万用表测电阻，确认浪涌保护器接线端之间处于高阻状态，且空气开关输入端线间和线对地间不存在短路。

（9）经检查，确定浪涌保护器安装正确且空气开关处于断路状态后合市电闸。油机供电转为市电供电运行正常后合上浪涌保护器空气开关闸。

（10）观察浪涌保护器的运行状况，如指示灯是否正常亮起来，是否有可见可闻的异常现象等，观察到浪涌保护器正常运行半小时后打扫卫生，进行清场工作后方可离去。

2.4.7.3　操作人员安全措施

在放线过程中，电缆两头应用绝缘胶布包裹，操作人员必须穿着长袖电工服，并用做过绝缘处理的工具进行施工操作。

2.4.7.4　应急方案

（1）市电拉闸前检查油机工作的正常性能（空开），并确定油机燃油充足，能运行足够长的时间。

（2）了解油机送电后，各用电设备（如空调、电梯等）运行有无异常现象。

（3）检查交换机网管中心等各专业系统有无异常，网维中心、数据机房等应采取实时监控。

（4）电池室应有人监控。

（5）割接不成功时，已经安装在配电柜上的所有导线、螺丝等应立即拆除，并在准确无误的情况下恢复原状。

（6）准备好灭火工具。

（7）检查动力监控系统、自动报警系统的运行情况。

（8）割接二、三、四级浪涌保护器时，应通知相关专业系统做好数据备份工作。

（9）割接四级浪涌保护器前，应做好用户通报和网络调度工作。

（10）安装二、三级浪涌保护器时，若有备用的旁路供电，则由局方相关人员启用旁路供电。

（11）安装三级浪涌保护器前，必须准确估计 UPS 的运行时间。

2.4.7.5　配合部门和人员

动力室、数据局值班人员、网维中心值班人员、安保人员、运维部人员。

2.4.7.6　操作人员要求

操作人员必须具有电工上岗证，可由施工单位委托建设方人员进行割接操作。应指定一个主操作人员，其余为辅助操作人员。

2.5　工程竣工验收阶段（引用《建筑物防雷验收技术规范》GB 50601—2010）

2.5.1　工程竣工验收程序

防雷工程全面竣工验收按自检—提交技术资料—分部分项交工验收—竣工验收的程序进行。

2.5.1.1　由施工方组织分项、分部验收，进行全面自检、复检，看是否符合设计和规范要求，并作质量评定，提请工程主管部门认证。

2.5.1.2　防雷工程"验收规范"和"质量评定标准"按有关规定执行。

2.5.1.3　防雷工程所有技术资料（包括各工序安装测试记录、隐蔽工程验收记录和资产移交清单等），在施工现场整理好后送监理公司或建设方进行审理。

2.5.1.4　由施工方向工程主管部门申请竣工验收时间，经确定后由施工方、建设方、监理公司以及工程设计方各派代表组成工程验收小组，对防雷工程进行全面细致的验收，并按有关规定填写《工程竣工验收报告》。

2.5.1.5　办理竣工结算签证。

2.5.2　防雷工程竣工验收技术要求

2.5.2.1　基本原则

综合防雷改造工程的验收必须有工程建设部门、主管部门、防雷工程设计部门、施工及监理部门共同参与。

防雷工程施工单位严格按照设计要求施工，建设单位或防雷设计单位指派专人负责质量督导；工程竣工验收也严格按照设计要求，逐项检查，并做好检查记录。

对于隐蔽工程（如地网改造等）应实行现场随工验收，对重要部位拍照并保留记录。

工程竣工验收时，对发现的问题和存在的隐患，施工单位必须及时处理和整改，直到完全达到设计指标。

综合防雷改造工程的设计资料（技术文件和图纸）、施工记录、验收报告等应由相应的防雷主管部门妥善存档备查。

比如：数据通信机房和电源的防雷工程应作为今后新建数据通信局（站）总工程的配套建设工程之一，缺少配套防雷工程的新建数据通信局（站）不能通过验收。

2.5.2.2　验收规定

综合防雷改造工程验收应从以下几个方面全方位进行：

（1）接闪杆系统（防直击雷装置）的验收

① 检查独立接闪杆系统的接闪器、雷电流专用引下线是否与铁塔、女儿墙接闪带和避雷网、建筑立柱钢筋（除在基础地网连接外）等完全绝缘。

② 检查安装在铁塔顶上的独立接闪杆是否固定可靠，并且有足够的抗风压能力。

③ 检查独立接闪杆是否有足够的保护范围（滚球法）。

④ 检查雷电流专用引下线是否为不小于 95mm² 的铜缆；独立接闪杆是否至少有两根铜缆，铁塔基座是否也至少有两根铜缆。

⑤ 检查雷电流专用引下线（包括接闪杆上的、铁塔基座上的）是否至少套有两层 PVC 绝缘套管。

⑥ 检查雷电流专用引下线沿建筑物外墙入地时，是否保证了雷电流引下线至少远离数据通信机房 5m 远以外。

⑦ 检查雷电流专用引下线的入地点是否远离（至少 5m）总汇流排（MGB）

的入地点。

⑧ 检查雷电流专用引下线是否可靠地与基础地网焊接在一起，搭接焊缝长度是否不小于材料直径的 6 倍，所有焊接点是否进行了有效的防腐处理。

（注：对隐蔽工程部分，可在施工过程中现场随工检查和验收，并做好记录）

（2）低压配电系统的多级防雷验收

① 检查电源系统各级保护用的电源浪涌保护器是否有专门检测机构出具的合格产品检验报告。

② 对照检验报告，检查各级电源浪涌保护器的性能技术指标是否满足表 2.2-1 中的要求。

③ 检查电源系统是否至少采取了两级（第一级、第二级）的电源浪涌保护措施。

④ 检查电源设备之间的电缆长度超过 20m 时，是否在整流器、UPS 电源或通信用空调电源等输入端加装了第三级浪涌保护器。

⑤ 检查各级电源浪涌保护器的保护级别是否选择合适，是否正常工作，如发现质量问题，必须及时请制造厂商检查或者更换。

⑥ 检查安装位置是否合适。电源浪涌保护器连接导线应符合 GB 50343—2012 规范要求，且其长度应不超过 0.5m，如超过 0.5m 长，是否加粗了连接导线。

⑦ 检查电源浪涌保护器的保护接地线是否符合 GB 50343—2012 规范要求，是否与总汇流排或交流分汇流排可靠连接。

（3）数据 / 信号接口电路的防护验收

① 检查数据接口浪涌保护器是否有专门检测机构出具的合格产品检验报告。

② 对照检验报告，检查各数据接口浪涌保护器的技术性能指标是否满足表 2.2-2 的要求。

③ 如果安装了数据 / 信号接口浪涌保护器的话，检查：

局端（或用户端）的数据设备到传输设备之间电缆超过 15m 长的重要 E1 电接口是否正确安装了 E1 接口保护器；网管重要接口是否正确安装了 RS232/

RJ45 接口保护器；网络设备重要的 100/1000BaseT 接口是否正确安装了 /RJ45
接口保护器。

网络设备是否正确安装了以太网接口（100/1000BaseT）接口保护器。检查
各种数据 / 信号接口浪涌保护器的物理接口形式是否合适，连接是否可靠，保护
器是否正常工作，数据传输是否受到影响或出现误码。如发现问题，必须及时
更换成相应合适和可靠的接口浪涌保护器；检查接口浪涌保护器的接地线（截
面积应不小于 1.5mm²）是否与被保护的设备地可靠连接。

（4）室内设备地线系统的防雷接地验收

① 机房应设置总汇流排，放置位置应合适（通常应设在一楼的电力室）。

② 机房应在各功能机房中设置相应的设备地线分汇流排，相同功能或相似
功能的设备应接至相应的分汇流排。

③ 各分汇流排应直接分别从总汇流排中引出地线；不同功能的设备分汇流
排不应复接在一起。

④ 总汇流排、分汇流排、连接地线等应满足表 3.3-3 中的要求。

⑤ 各汇流排应与墙面（柱面、地面）、立柱等的钢筋绝缘。各地线连接处
应通过铜螺丝、铜螺帽、弹簧垫片等与汇流排接触良好、紧固可靠。

⑥ 设备的保护地与工作地应严格分开，不能接在一起。

⑦ 交直流配电设备、UPS 电源、机架电源的地线应直接从总汇流排或相应
的分汇流排中引出。

⑧ 同类功能的设备机壳、机架、列柜之间应通过不小于 30mm × 4mm 的铜
带或不小于 70mm² 的铜缆可靠复接后，再用截面积不小于 95mm² 的铜缆就近可
靠接到相应的分汇流排上。

⑨ 进局光缆的金属铠装层、金属加强芯等不能接在传输机架上，应与传输
设备地线绝缘，直接接到专为光缆设置的分汇流排上，然后直接引入到总汇流
排或地网，或者让光缆的金属铠装层、金属加强芯悬空。

（5）接地地网的防雷改造验收

① 测试方法可采用辅助电极法，根据地理条件，电极布置方法有直线布置

法、三角布置法，分别如图 2.5-1、图 2.5-2 所示。

② 测量时可在不同的方向进行。在同一方向上可适当改变辅助电极的距离（如每次 5% 的改变）测量三次，如三次测得的电阻最大值和最小值相差不超过最大值的 30%，则可认为三次测量值的平均值为地网的接地电阻值。

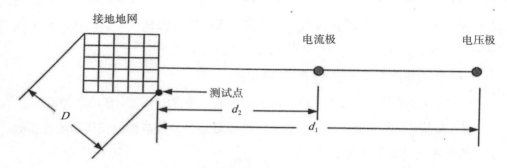

图 2.5-1 辅助电极法测量接地地网电阻值方法之一（直线布置法）

其中：

D：接地地网的最大对角线长度。（引用 GB/T 21431-2015）

d_1：电压极与接地网边缘（或测试点）之间的距离，通常取 $d_1 \approx D - 5D$。

（如果受环境限制，但土壤电阻率相对较均匀的地方，也可考虑取 $d_1 \approx 2D - 3D$）

d_2：电流极与接地网边缘（或测试点）之间的距离，通常取 $d_2 = 0.618d_1$

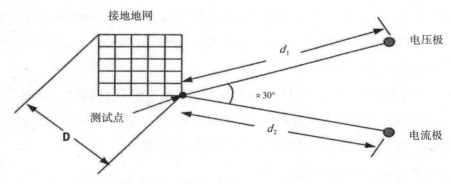

图 2.5-2 辅助电极法测量接地地网电阻值方法之二 （三角布置法）

其中：

D：接地地网的最大对角线长度。

d_1：电流极与接地网边缘（或测试点）之间的距离。

d_2：电压极与接地网边缘（或测试点）之间的距离。

通常取 $d_1=d_2 \geqslant 2D$。

（6）新型接地技术地网的检查验收

① 由于是隐蔽工程，应在施工过程中随工验收。

② 检查接地模块等产品是否标有制造商名、是否有出厂合格证书、是否有产品安装使用说明书。

③ 检查施工安装是否正确按照说明书要求进行。

④ 检查新型接地体（棒）是否在地面 0.5m 深处以下，是否通过热镀锌扁钢（50×5mm）或多股铜缆（不小于 95mm²）或不小于 40×4mm 的镀锡扁铜就近与建筑物基础立柱的主钢筋多点可靠焊接。

⑤ 检查所有焊接点是否进行了防腐处理。

⑥ 如现场验收时发现问题，必须由施工单位及时处理和解决。

（7）环形接地体地网的检查验收

① 由于是隐蔽工程，应在施工过程中随工验收。

② 检查所用的水平接地体、垂直接地体的材料及规格是否符合 GB 50057—2010 规范中表"5.4.1　接地体的材料、结构和最小尺寸"的要求。

③ 检查水平接地体、垂直接地体的安装是否符合 GB 50057—2010 规范中第 5.4 条的要求。

④ 检查水平接地体是否至少埋入地下 0.5m 深处。

⑤ 检查新建的环形接地体是否在地面 0.5m 深处以下，通过热镀锌扁钢（50×5mm）或多股铜缆（不小于 95mm²），或不小于 40×4mm 的镀锡扁铜与建筑物基础至少两根立柱的主钢筋多点可靠焊接。

⑥ 检查焊接点是否可靠：

扁钢与扁钢之间，应为双面搭接焊，焊缝长度应不小于扁钢宽度的 3 倍。

扁钢与角钢之间，应采取搭接焊，扁钢与角钢的接触面的四条边均应焊接。

扁钢与建筑物立柱钢筋之间，应采取搭接焊，焊缝长度应不小于扁钢宽度的 3 倍。

⑦ 检查所有焊接点是否进行了防腐蚀处理（如沥青、油漆或其他有效方法）。

⑧ 如现场验收时发现问题，必须由施工单位及时处理、整改，直至验收合格。

第三章　防雷技术方案实例

3.1　农村防雷示范工程

3.1.1　设计说明

3.1.1.1　概述

雷电灾害每天都在发生，使社会和经济发展蒙受巨大的经济损失。特别是广大农村地区，不但无防雷设施或防雷设施非常薄弱，而且防雷知识和防雷意识均缺乏，因雷电造成人员伤亡的现象经常发生。因此，做好农村地区雷电防护工作非常重要。

近年来，德安县梓坊村雷电灾害时有发生，据该村村民反映，每年都有因雷击造成家用电器损坏的现象，特别是村旁的一棵老樟树被雷击而枯死。

本着科学合理、经济性、可实施性，又符合规范的前提下，提出本技术方案。

3.1.1.2　现场勘察

（1）基本情况

① 地理位置：该村一小组坐落于 N29º42′08.6″、E115º41′61.7″，海拔为19.2m。

② 周边环境：村东、西两侧分别有一约 30m×20m、30m×40m 的水塘，正南面约 20m 处有一宽约 20m 的河流，且周围 500m 内均有低于 100m 高的小山丘。村后是一片竹林，高 40m 左右。

③ 建筑物的布局情况：共有 22 幢建筑物，基本连成一个整体，长约120m、宽约 60m，呈长方形布局，所有建筑物均无任何防直击雷设施，且家家户户屋顶均安装有水箱和太阳能热水器，也均无接地措施。

④ 建筑物的结构：22 幢建筑物中，平顶房共有 12 幢，其余均为两屋半的

建筑物，所有建筑物的长均为 12m，宽均为 10m。

⑤ 雷击事故：村东侧有一棵直径约 70cm、高约 10m 的老樟树被雷击，现已（干枯）坏死。每年都因雷击损坏家用电器（如电视机、PC 机等），曾发生过雷击打死耕牛事件。据说一旦有雷暴出现时，变电所立即断电。另外，据村民介绍：经常看到闪电现象。

⑥ 土壤情况：村落周围均为泥沙土质，其土壤电阻率为 236.1Ω·m。

⑦ 雷暴日数据：据气象资料显示，该县从 2004 年至 2009 年的 6 年间，年平均雷暴日数为 43.83 天。

（2）存在的问题

① 所有的建筑物均无任何防直击雷设施，且家家户户屋顶均安装了太阳能热水器，也无接地保护措施；

② 变压器架空安装，无任何防雷装置，变压器的接地线已经锈断，无接地措施；

③ 所有进入农户的输电线路均为架空架设，高约 5m，农户内均无接地保护措施。

3.1.1.3　设计依据

《建筑物防雷设计规范》--GB 50057—2010

《防雷与接地安装》--D501—1~4

《建筑物防雷设施安装》--99D562

《建筑物电子信息系统防雷技术规范》----------------------------GB 50343—2012

《低压配电系统的电涌保护器（SPD）　第 1 部分：性能要求和试验方法》
--GB 18802.1—2002/IEC 616438

《电子计算机房设计规范》---GB 50174—2017

国际电工委员会（IEC）有关标准系列：

IEC 1024—1992　　　　Protection of Structures against Lightning

IEC 1312—1996　　　Protection against LEMP

3.1.1.4　设计范围

德安县梓坊村一小组主要从以下几个方面进行雷电防护设计：

（1）建筑物防直击雷装置的设计与安装；

（2）变压器地网的设计与安装；

（3）电源系统多级浪涌保护器（SPD）的设计与安装；

（4）室内电气设备接地的安装设计；

（5）信号浪涌保护器的安装设计。

3.1.1.5　防雷简介

现代防雷技术，采用的是系统的综合的技术。根据建筑物的防雷分区来进行分区域、分级的防雷；根据雷击危害的特点，防雷工程又可以分为直击雷的防护和雷电感应的防护。（引用 GB 50057—2010）

（1）防雷分区简介

《建筑物防雷设计规范》GB 50057—2010 给出了防雷分区的定义：第 6.2.1 条　防雷区应按下列原则划分：

① LPZOA　区：本区内的各物体都可能遭到直接雷击和导走全部雷电流；本区内的电磁场强度没有衰减。

② LPZOB　区：本区内的各物体不可能遭到大于所选滚球半径对应的雷电流直接雷击，但本区内的电磁场强度没有衰减。

③ LPZ1　区：本区内的各物体不可能遭到直接雷击，流经各导体的电流比 LPZOB 区更小；本区内的电磁场强度可能衰减，这取决于屏蔽措施。

④ LPZn+1　后续防雷区：当需要进一步减小流入的电流和电磁场强度时，应增设后续防雷区，并按照需要保护的对象所要求的环境区选择后续防雷区的要求条件。

注：n=1，2，…

［说明］　将需要保护的空间划分为不同的防雷区，以规定各部分空间不同的雷击电磁脉冲的严重程度和指明各区交界处的等电位连接点的位置。

各区以在其交界处的电磁环境有明显改变作为划分不同防雷区的特征。

从以上定义可以看出，需要考虑直击雷防护的主要是能被雷电直接击倒的区域（LPZ0 区域），一般来说，雷击能量的 50% 由直击雷防护系统（接闪杆、接闪带等）泄放，其余的能量则通过电磁感应的形式进入各种金属管道和线路（当然，也有直击雷击中线路的能量传导）。没有处在此区域的设备和线路主要需要考虑的是雷电感应的防护。（引用 GB 50057—2010）

（2）综合防雷介绍

现代建筑，采取综合的防护措施，即对一切进雷通道的雷电破坏能量分别采用接闪、分流、均压、屏蔽、接地等手段，对建筑物及其内电子设备进行全方位保护（见图 3.1-1）。

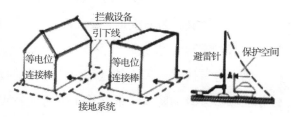

图 3.1-1

接闪（Air — termination）：雷电的第一道防线是采用避雷装置拦截闪电。避雷装置拦截雷电的原理是利用接闪器吸引其附近的雷云放电，并将雷电流通过引下线和接地装置传导入地，把雷电的能量耗散到地下，从而保护地面上的建筑物。

均压：（Bonding）即均衡连接或等电位连接。为了避免雷电暂态电流路径与附近金属物体之间的击穿放电，需要对建筑物内的各种金属构件进行等电位连接，即将建筑物内的设备、组件和元件的金属外壳或构架连接在一起，并与建筑物的防雷接地系统相连接，形成一个电气上连续的整体，这样就可以在发生雷击时避免在不同金属外壳或构架之间出现暂态电位差，使它们彼此之间等电位并维持在地电位水平，这就是均压措施。

分流：（Dividing）就是在一切从室外来的导线（包括电源线、信号线、电话线等）与接地体或接地线之间并联一种防雷保护器（或称浪涌保护器、防雷器，SPD），当直击雷或雷电感应在室外线路上产生的过电压循着这些导线进入室内时，防雷器短路，雷电流由此分流入地。防雷器可由放电间隙、气体放电管、压敏电阻、半导体放电管、滤波器、保险丝等元器件混合组成。根据不同的防雷要求，可分为电源防雷器、信号防雷器、天馈线防雷器和接口防雷器等。

屏蔽：（shielding）就是用金属网、箔、壳或管子等导体把需要保护的对象包围起来，把雷电电磁脉冲从空间入侵的通道全部阻断。如传输信号的电缆外皮采用金属网箔、设备外壳采用金属外壳、机房采用金属笼网等，都是用来屏蔽空间电磁脉冲干扰的措施。

接地：（Grounding）是分流、泄放直接雷击和雷电电磁干扰能量的较有效的手段之一（见图3.1-2）。目的就是把雷电流通过低电阻的接地体向大地泄放，从而保护建筑物、人员和设备的安全。这种接地称为防雷接地。在电子设备和电子

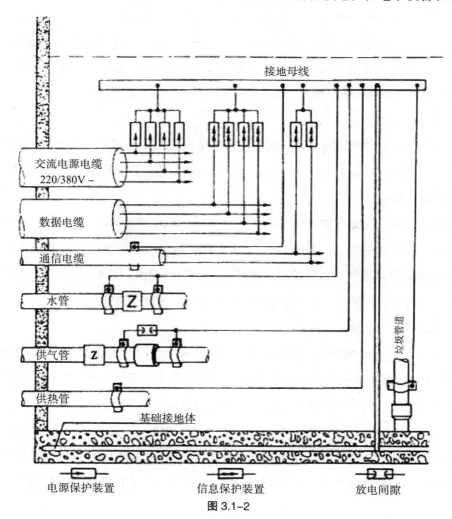

图 3.1-2

系统中，还涉及工作接地、保护接地以及它们与防雷接地系统之间如何连接、与电力接地系统之间如何连接等问题。（引用 GB 50343—2012 和 GB 50057—2010）

（3）系统接地

不管是防直击雷还是雷电感应，良好的接地系统是必不可少的。另外，强电和弱电系统设备也有各自的接地要求。

一般建筑物和建筑物内用电系统设备共有以下几种接地：安全工作接地、直流工作地、防雷接地、交流工作接地、防静电接地、屏蔽接地等。

①安全工作接地

将平时不带电的设备外壳、机柜等接地（与电源线的 PE 线），当发生故障（如绝缘损坏、电磁感应）而使设备外壳带电时，该接地将提供故障电流的对地回路，使故障设备外壳的电压降到相对安全的水平以保护工作人员；同时，过大的对地电流将使电源断路器工作，切断故障设备的电源，以免使故障进一步扩大。

②直流工作接地

也叫信号地和逻辑地，它为机房内有数据传送的各种设备提供统一的数据信号参考地电位（零电位）。可以想象，该地电位的不稳定，一定会使数据信号出错。

③防雷接地

机房的防雷接地有两类：第一类，给直击雷（由接闪杆、接闪带引下）提供的地电流泄放通道，一般是独立建筑才有；第二类，安装在强电和弱电线路上的浪涌保护器提供共模保护时，需要有一个对地通路，一般是利用电源的 PE 线或设备的安全保护地。（引用 GB 50343—2012 GB 50057—2010）

④交流工作接地

即交流供电的中性线，也叫零线。当机房采用三相五线制（TN-S）供电时，中性线和 PE 线（安全保护地线）除在变压器中性点共同接地外，两线不再有任何的电气连接。当三相负载不均衡时，中性线带电。

⑤防静电接地

由于气流、人员走动、电磁感应引起的静电集聚会产生高压，容易使微电子产品损坏，而由静电放电产生的电火花，更会干扰计算机等设备的运行。为了不使机房内部产生静电聚集，必须给容易产生静电的物体提供一条对地电泄放通路。

⑥屏蔽接地

屏蔽机房或屏蔽机柜、屏蔽线缆、起屏蔽作用的金属线槽、线管等都需要多点接地，否则，不仅起不到屏蔽的作用，还会引起更严重的电磁干扰。

3.1.1.6　雷电感应防护

在雷云放电时，因雷电流及其所产生的雷电电磁脉冲通过传导、感应和耦合等方式形成的暂态过电压及过电压波对设备造成危害的现象称为雷电感应击，简称雷电感应。习惯上将经由传输线路感应耦合（包括静电感应耦合和电磁感应耦合）并沿传输线引入设备的雷电过电压波称为线路来波。而经由空间传播耦合（主要是电磁感应耦合）至设备的雷电过电压称为感应电磁脉冲。因雷电流泄流时地电位升高在各地网之间形成电位差而引入设备（主要是传导阻抗耦合）的雷电过电压波称为地电位反击。

雷电感应使电子设备的损坏主要体现在：受到强烈的干扰，造成数据丢失，出现误动作；元器件受瞬态雷电流的冲击，大大降低性能，缩短使用寿命，也会使元器件烧毁，使系统瘫痪，造成巨大的经济损失。

雷电波侵入设备的途径：

（1）直击雷电流由接闪器通过引下线进入大地，使地网的地电位迅速上升，再由设备接地线引入设备，形成地电位反击。

（2）强大的雷电流沿专用引下线向大地泄放时，会在附近产生交变的磁场，而附近各种金属管（线）上也因感应作用产生瞬态过电压。

（3）进出建筑物的各种线路，在建筑物外受直击雷或雷电感应的过电流沿线路蹿入电子设备。

雷电感应的线路：

（1）电源供电线路；

（2）电话线路或宽带线路；

（3）有线电视线路；

（4）无线收 / 发天线等。

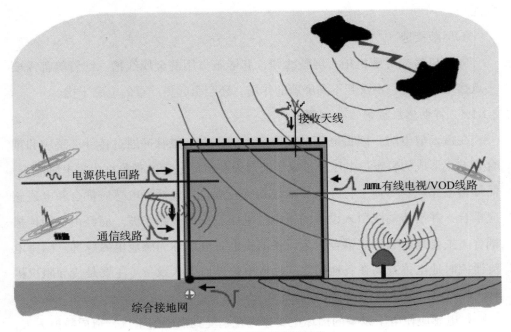

图 3.1-3　雷电感应的线路

　　为了消除雷电感应的影响，可以采取等电位连接、屏蔽、良好的接地、分流等措施，浪涌保护器实际上是一种等电位连接装置，依照规范要求，浪涌保护器应设置在各个防雷分区的分界处。根据雷暴日的多少，确定浪涌保护器安装数量。

3.1.1.7　其他需说明的问题

　　（1）本防雷工程施工时的部分细节还可能需要根据实际情况，在施工时由建设单位、设计单位及施工单位等共同协商后作出相应的修改和调整；

　　（2）设计中若有未列出的零星小材料和施工，在预算中有零星材料费和零星工日相对应；

　　（3）本设计中所列的各种型号接地线（电缆）等材料数量均为估算值。

3.1.2　方案设计

3.1.2.1　建筑物防直击雷装置的安装设计

（1）平顶房防直击雷装置的安装设计

共有10幢结构相同的平顶房，在每幢平顶房天面上设计一圈接闪带，在建筑物的阴面安装人工地网，地网避开人行道，雷电流引下线设置在村民不常经过的地方。如图3.1-4所示。

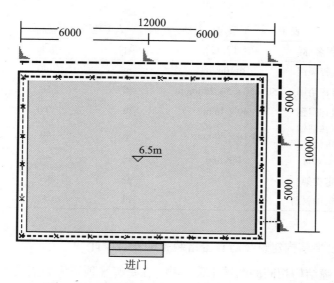

图 3.1-4　平顶房天面接闪带、引下线、地网分布

平顶房防直击雷装置的安装设计要求如下：

①接闪带采用 Φ10mm 的热镀锌圆钢；

②该建筑物为第三类防雷建筑物，根据规范要求，只设置 2 根雷电流引下线即可，雷电流引下线采用 Φ10mm 的热镀锌圆钢；（引用 GB 50057—2010）

③分别在天面的屋角和拐弯处各设置 1 支避雷短针，线采用 Φ16mm 的热镀锌圆钢，高均为 40cm，共设计 4 支；

④接闪带通过高约 15cm 的支架固定，固定支架间距为 1.2m～1.5m；

⑤雷电流引下线必须做好绝缘处理，一般情况是从地面至 3m 高套 PVC 管；

⑥人工地网应安装在距离排水沟 1m 以上，地网沟深度应 ≥ 1m，水平接地体应采用 40×4mm 的热镀锌扁钢，垂直接地体应采用 L50×5×2500mm 的热镀锌角钢，垂直接地体的间距应 ≥ 5m；（引用 GB 50057—2010）

⑦安装人工地网时应避开人行道，否则应做好防跨步电压措施；

⑧所有焊接点的搭接长度应符合规范要求，且所有焊接点必须做好防锈、防腐蚀处理。

10幢平顶房天面接闪带、接闪杆与人工地网的主要材料见表3.1-1。

表3.1-1 平顶房接闪带、接闪杆、人工地网主要材料

序号	材料名称	型号及规格	单位	数量	备注
1	热镀锌圆钢	Φ10mm	m	700	70m/幢
2	热镀锌角钢	50×50×5×2500mm	根	50	5根/幢
3	热镀锌扁钢	40×4mm	m	200	20m/幢
4	热镀锌圆钢（短针）	Φ16×400mm	根	40	4根/幢
5	PVC套管	Φ32mm	m	60	6m/幢
6	固定支架		套	800	40套/幢
7	其他辅助材料		批	1	

（2）两层半结构建筑物防直击雷装置的安装设计

共有12幢结构相同的两层半建筑物，在每幢平顶房天面上设计一圈接闪带，在建筑物的阴面安装人工地网，地网避开人行道，雷电流引下线设置在村民不常经过的地方。如图3.1-5所示。

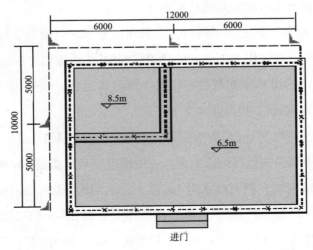

图3.1-5 两层半结构建筑物接闪带、引下线、地网分布

两层半结构建筑物防直击雷装置的安装设计要求如下：

①接闪带采用 Φ10mm 的热镀锌圆钢；

②该建筑物为第三类防雷建筑物，根据规范要求，只设置 2 根雷电流引下线即可，雷电流引下线采用 Φ10mm 的热镀锌圆钢；（引用 GB 50057—2010）

③分别在天面的屋角和拐弯处各设置 1 支避雷短针，线采用 Φ16mm 的热镀锌圆钢，高均为 40cm，共设计 4 支；

④接闪带通过高约 15cm 的支架固定，固定支架间距为 1.2 ~ 1.5m；

⑤雷电流引下线必须做好绝缘处理，一般情况是从地面至 3m 高，套 PVC 管；

⑥人工地网应安装在距离散水沟 1m 以上，地网沟深度应 ≥ 1.0m，水平接地体应采用 40 × 4mm 的热镀锌扁钢，垂直接地体应采用 L50 × 5 × 2500mm 的热镀锌角钢，垂直接地体的间距应 ≥ 5m；（引用 GB 50057—2010）

⑦安装人工地网时应避开人行道，否则应做好防跨步电压措施；

⑧所有焊接点的搭接长度应符合规范要求，且所有焊接点必须做好防锈、防腐蚀处理。

12 幢两层半建筑物天面接闪带、避雷短针与人工地网的主要材料见表 3.1–2。

表 3.1–2　两层半建筑物接闪带、避雷短针、人工地网主要材料

序号	材料名称	型号及规格	单位	数量	备注
1	热镀锌圆钢	Φ10mm	m	1080	90m/幢
2	热镀锌角钢	50 × 50 × 5 × 2500mm	根	60	5根/幢
3	热镀锌扁钢	40 × 4mm	m	240	20m/幢
4	热镀锌圆钢（短针）	Φ16 × 400mm	根	96	8根/幢
5	PVC套管	Φ32mm	m	72	6m/幢
6	固定支架		套	600	50套/幢
7	其他辅助材料		批	1	

3.1.2.2　变压器地网的安装设计

现场勘察时，没有找到原变压器的地网，变压器无接地，完全处于悬空状态。而变压器与村民的建筑物相距约 100m 以上，故本方案提出在变压器处增加安装

一个人工地网。

变压器地网如图 3.1-6 所示。

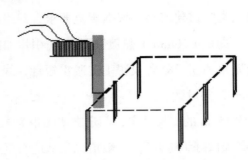

图 3.1-6　变压器地网示意

变压器地网主要选用两种材料：水平接地体采用热镀锌扁钢，规格为 40×4mm；垂直接地体采用热镀锌角钢，规格为 50×5×5×2500mm。

地网的深度应不小于 50cm。（引用 GB 50057—2010）

变压器地网的主要材料见表 3.1-3。

表 3.1-3　变压器地网的主要材料

序号	材料名称	型号及规格	单位	数量	备注
1	热镀锌扁钢	40×4　mm	m	36	
2	热镀锌角钢	50×5×5×2500mm	根	6	
3	其他辅助材料		批	1	

变压器地网的施工要求：

（1）接地体（水平和垂直）应敷设在无人行走、较隐蔽的场所；

（2）本接地电阻值要求 R ≤ 4Ω；

（3）水平和垂直接地体应埋入地下不小于 1.0m,垂直接地体长 2m,每隔 4~5m 设置一个垂直接地体；

（4）水平接地体则选 40×4mm 的热镀锌扁钢；（引用 GB 50057—2010）

（5）所有焊接点应 ≥ 6 倍垂直接地体材料直径，且焊点必须做防腐蚀、防锈处理；

（6）回填土必须是导电较好的新黏土，并浇水夯实。（引用 GB 50057—2010）

3.1.2.3 电源系统多级浪涌保护器的安装设计

根据电源系统多级防雷保护的原则，村委会、卫生所、学校、广播站、村民住宅各1套，共5套，如图3.1-7所示.

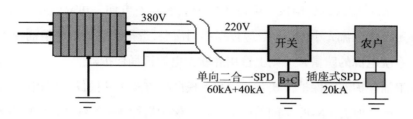

图 3.1-7 电源系统多级防雷保护分布

本电源系统共设计三级保护，其配置见表3.1-4所示.

表 3.1-4 电源系统浪涌保护器配置

序号	安装位置	通流量要求（kA）	单位	数量	备注
1	入户前开关箱处	≥60kA	套	5	单相二合一（B+C）
2	建筑物内	≥10kA	个	21	单相插座式

（1）电源浪涌保护器（SPD）的基本技术性能要求见表3.1-5

表 3.1-5 电源浪涌保护器（SPD）的基本技术性能要求

保护级别	系统额定电压(V)	最大持续工作电压(V)	动作电压V (L-N，L-PE，N-PE)	漏电流（μA）	标称通流量(kA)	残压(V)	保护模式	告警功能
第一级	～220(/380)	≥～300	≥450	≤20	≥60	≤4000	差模、共模	有
第二级	～220(/380)	≥～300	≥450	≤20	≥40	≤2500	差模、共模	有
第三级	～220(/380)	≥～275	≥420	≤20	≥20	≤2000	差模、共模	有
第四级	～220(/380)	≥～275	≥420	≤20	≥10	≤900	差模、共模	有
	- 48(直流)	≥60	≥80	≤20	≥5	≤200	差模、共模	有
	- 24(直流)	≥30	≥40	≤20	≥5	≤200	差模、共模	有
	- 12(直流)	≥15	≥24	≤20	≥5	≤200	差模、共模	有

（2）电源浪涌保护器（SPD）的选择和应用原则

电源浪涌保护器有并联型、串联型之分。并联型电源浪涌保护器残压相对较高，但安装方便，并且不受负载额定工作电流大小的限制；串联型电源浪涌保护器残压相对较低，它串接在电源中，但安装较不方便，可靠性不高，并且受负载额定工作电流大小的限制。应根据不同需要，选择合适的电源浪涌保护器。对于通信系统电源的防雷，原则上选用并联型电源浪涌保护器。

电源浪涌保护器的保护模式有共模和差模两种方式：共模保护指相线—地线（L-PE）、零线—地线（N-PE）间的保护；差模保护指相线—零线（L-N）、相线—相线（L-L）间的保护。对于低压侧第二、第三、第四级保护，除选择共模的保护方式外；还应尽量选择包括差模在内的保护（引用国际电工委员会 IEC 61643）。

残压是电源浪涌保护器的最重要特性，残压越低，保护效果就越好。但考虑到我国电网电压普遍不稳定、波动范围大的实际情况，在尽量选择残压较低的电源浪涌保护器的同时，还必须考虑浪涌保护器有足够高的最大连续工作电压。如果最大连续工作电压偏低，则易造成浪涌保护器自毁。（引用 GB/T18802.1—2011/IEC 61643）

通信系统的设备多以脉冲数字电路为主，它对雷电的敏感度极高，为了有效保护通信设备，它的低压配电系统一般考虑安装三级甚至四级电源浪涌保护器，并应根据拦截效率来选择通流容量和电压保护水平相适应的电源浪涌保护器。

通信电源浪涌保护器，应该选择具有遥测功能的。

选择电源浪涌保护器连接引线的线径时，应严格按照 GB 50343—2012 的要求，当引线长度超过 1.0m 时，应加大引线的截面积。

电源浪涌保护器的接地应符合 GB 50343—2012 的规定要求，连接线的长度越短越好。

（3）本设计选型

本设计中，电源系统选用的 SPD 见表 3.1-6。

表 3.1-6　电源系统选用的 SPD

序号	产品名称	通流量	单位	数量	备注
1	二合一三相电源浪涌保护器	60kA+40kA	套	5	村委会、卫生所、学校、广播站、村民住宅各1套，共5套
2	插座式SPD	20kA	个	22	
	合计		套或个	27	

3.1.2.4　室内电器设备接地的安装设计

在防雷系统中等电位连接的好坏，直接关系到敏感的电子设备防雷的效果和质量，弱电系统中有电脑、电视、卫星接收设备等，根据规范要求，必须有良好的等电位连接网络。

设备种类多，为了满足设备的防雷接地、控制静电放电、以消除设备间的干扰等要求，改善通信系统对雷电干扰和静电放电能量的耐受性，必须对设备的连接结构和接地进行合理布置和规划。

村委会、卫生所、学校、广播站及村民住宅每户各设置一个接地基准点：本方案将接地基准点设置在一楼电力线进线口处，采用铜铁转换件与地网焊接，并穿墙进入室内。如图 3.1-8 所示。

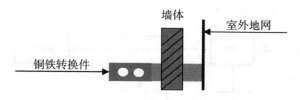

图 3.1-8　铜排与地网的连接方式

注：室内接地与地网连接点离防直击雷的雷电流引下线入地点应 ≥ 5m。入户时应加套 PVC 管。

室内电器接地的主要设备和材料见表 3.1-7。

表 3.1-7　室内电器接地的主要设备和材料

序号	设备及材料名称	型号及规格	单位	数量	备注
1	铜铁转换件	40×4mm铜排+40×4mm扁钢	件	20	预先加工好
2	PVC套管	Φ50	m	50	3m/户
3	其他辅助材料		批	1	

3.1.2.5　信号浪涌保护器的安装设计

（1）信号浪涌保护器的设计

作为农村防雷示范工程，应考虑所有弱电系统，包括信号系统的防护。梓坊村一组村民的电器设备主要有卫星接收机、普通电话线路、电视机等，故本方案提出对卫星接收机、普通电话线路以及电视机进行雷电防护。如图 3.1-9、图 3.1-10。

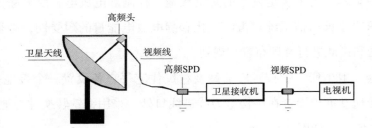

图 3.1-9　卫星及电视信号雷电防护示意

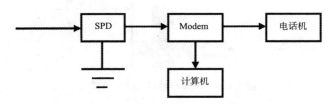

图 3.1-10　电话信号雷电防护示意

所示：

（2）主要设备及材料

信号系统防雷的主要设备和材料见表 3.1-8。

表 3.1–8　信号系统防雷的主要设备和材料

序号	设备及材料名称	型号及规格	单位	数量	备注
1	高频信号SPD	JBT-T2000（A或B）	个	22	1套/户
2	电视信号SPD	ZGZH-30（TY）	个	22	1套/户
3	电话信号SPD	ZGXL-1H-110（TY）	个	22	1套/户
4	其他辅助材料		批	1	

3.1.3　施工说明

3.1.3.1　接闪带安装注意事项

由于接闪带采用的材料是热镀锌圆钢，安装时应注意以下几点：

（1）圆钢与圆钢的搭接长度不得小于直径的 6 倍；

（2）接闪带的安装必须平直，不得扭曲；

（3）固定支架高度宜为 15～20cm，间距应为 1.2～1.5m，安装必须牢固；

（4）接闪带的引下线必须与接闪带可靠连接，且焊接长度不小于 10cm，引下线入地前 20m 内应加绝缘套管，如 PVC 管，以防行人触摸造成人身伤害；

（5）楼顶所有金属必须就近与接闪带连接，如水箱、太阳能热水器的外壳等；

（6）施工时，还应将屋面上的其他线缆如通信电缆、信号电缆等移开 10cm 以上；

（7）所有焊接点必须做好防腐蚀、防锈处理。

3.1.3.2　电源 SPD 安装注意事项

在安装电源 SPD 时，要求 SPD 的接地端口与地线汇流排之间的距离≤0.5m。如果 SPD 的接地线过长，由于 SPD 动作后残压的存在，致使 SPD 的限制电压过高，起不到保护作用。因此，应正确安装 SPD。电源 SPD 的安装要求（以 8/20us 波形为例）如下：

（1）电源 SPD 的连接引线必须足够粗，并且尽可能短。

（2）引线的截面积应符合以下原则：

通流量 60kA：应采用 ≥ $25mm^2$ 的多股铜芯线；通流量 40kA：应采用 ≥ $16mm^2$ 的多股铜芯线；通流量 20kA：应采用 ≥ $10mm^2$ 的多股铜芯线。

（3）如果引线长度超过 1.0 米，应加大引线的截面积。

（4）所选用的电力电缆应有阻燃功能，且耐压水平必须大于 1kV（否则应加套绝缘套管以提高其绝缘水平或耐压水平）。

（5）引线应紧凑平行敷设或平行绑扎，决不允许交叉或缠扰。

3.1.3.3　地网施工注意事项

（1）地网施工时开挖地沟深度不得小于 70cm，宽度为 40～60cm，以确保焊接地网时施工方便；地网剖面如图 3.1-11 所示。

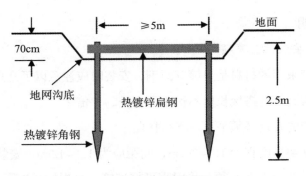

图 3.1–11　地网剖面

（2）地网施工时使用热镀锌扁钢作为水平接地极，扁钢的规格为 40×4mm，使用热镀锌角钢作为垂直接地极，规格为 50×5×5×2500mm。（引用 GB 50057—2010）

（3）安装垂直接地极时，要注意其间距应 ≥ 5m。

（4）焊接地网时，水平接地极的搭接材料长度是宽度的 2 倍，水平接地极与垂直接地极交叉焊接时，必须三面焊接。（引用 GB 50601—2010）

（5）对所有焊接点必须先清理焊渣，再涂沥青漆做好防腐蚀、防锈处理。当涂沥青漆时，必须覆盖到焊接点的 10cm 以上，防止焊接时其附近因高温损伤镀锌层使它在短时间内生锈。

（6）焊接点的防腐：应对所有焊接点进行有效的防腐处理，如沥青、油漆或其他办法。

（注：对于隐蔽工程部分，应在施工过程中现场随工检查和验收，并做好记录）

3.1.3.4　室内接地安装注意事项

安装地线时，应特别注意与电源系统的相线分开敷设，所有地线与地排连接时都必须压接线饵，通过螺栓连接，原则上要求一个螺孔接一条地线，不允许几条地线叠加在一个螺栓上。另外，特别要注意的是：室内地线引入点与防直击雷的雷电流引下线入地点的地中间距必须 ≥ 5m。

3.1.3.5　信号系统防雷施工注意事项

信号系统防雷施工时应注意以下几点：

（1）信号 SPD 的接地线应不小于 $1.5mm^2$；

（2）所有设备外壳均应进行接地保护（包括卫星天线基座、同轴电缆的屏蔽层、卫星接收机外壳、PC 机外壳、Modem 外壳等），即进行等电位连接；

（3）由于信号 SPD 均为串联方式连接，所以应检查安装 SPD 后是否对信号产生不可接受的影响，即插入损耗、传输速率等不影响正常工作的要求，否则应更换；

（4）所有安装的信号 SPD 应有标识等。

3.1.4　防雷工程竣工验收技术要求

3.1.4.1　基本原则

（1）防雷工程的验收由建设方或防雷工程设计部门组织，由建设单位、施工单位、设计单位、防雷机构共同参与。

（2）防雷工程施工单位必须严格按照设计文件要求精心施工，防雷工程设计部门应派专人负责监理和技术督导；工程验收也必须严格按照实际文件要求逐项仔细检查和核实。

（3）隐蔽工程（如地网）随工验收，做好详细记录并要求质量监督人员签字确认。

（4）工程竣工验收时，对发现的问题和存在的隐患，施工单位必须及时处理和整改，直到完全达到设计指标。

3.1.4.2　验收规定

防雷工程验收应从以下几个方面全方位进行：

（1）接闪带的验收（引用 GB/T 21431—2015　　GB 50057—2010）

①检查所安装的接闪带是否平直；

②检查支架是否牢固，固定支架能否承受 49N（5kg）拉力，其高度、间距是否符合规范要求；

③引下线距地网 3m 内是否安装绝缘套管；

④检测接闪带的接地电阻值是否符合要求；

⑤检查所有焊接点是否做好防腐蚀、防锈处理等。

（2）多级电源 SPD 的验收

①检查所安装的电源 SPD 是否有质量检验报告；

②检查所安装的电源 SPD 是否与设计文件相同；

③检查 SPD 的参数是否符合规范要求，SPD 安装的位置是否符合规范要求；

④检查 SPD 的引线线径、地线线径是否符合规范要求等。

（3）人工地网的验收

①检查独立地网是否留有测试点；

②检查独立地网场地的恢复情况；

③测试独立地网的接地电阻值是否符合设计要求等。

（4）室内接地的验收

①检查室内接地排的规格是否符合设计要求；

②检查室内接地排与地网连接点是否与防直击雷的引下线入地点的地中间距大于 5m；

③检查连接导线的路由过程中是否与其他线缆有缠绕现象，其安全距离是否符合规范和设计要求等。

（5）信号系统防护的验收

①检查信号 SPD 的型号规格是否符合设计要求；

②检查所有设备的外壳是否进行接地保护措施；

③检查安装 SPD 后是否对信号产生不可接受的影响，即插入损耗、传输速率等不影响正常工作的要求，否则应更换；

④检查所有安装的信号 SPD 是否有标识。

3.1.5　设计图纸

设计说明

一、设计依据

1.国家规范

《建筑物防雷设计规范》GB 50057-2010

《防雷与接地安装》D501-1~4

《建筑物防雷设施安装》99D562

《建筑物电子信息系统防雷技术规范》GB 50343-2012

《低压配电系统的电源防护器（SPD）第一部分性能要求和实验方法》
GB 18802.1-2011/IEC61643-1998

《电子计算机房设计规范》GB 50174-2017

2.国际标准

国际电工委员会（IEC）有关标准系列：

IEC1024-1992 Protection of Structures against Lightning

IEC1312-1996 Protection against LEMP

3.现场勘察情况及数据

二、设计范围

1.建筑物防雷网的设计与安装

2.变压器地网的设计与安装

3.电源系统多级浪涌保护器（SPD）的设计与安装

4.室内电器设备接地的安装设计

三、主要设备及材料

主要设备表

序号	材料名称	型号及规格	单位	数量	备注
1	单相电源SPD	60kA+40kA	套	5	
2	多股铜芯电缆	ZR-BVV-(X25mm²)	m	20	黄绿双色
3	多股铜芯电缆	ZR-BVV-(X16mm²)	根	40	红、蓝各20根
4	铜体转换件		件	22	
5	PVC套管	φ32mm	件	120	
6	铜线网	25mm²	个	10	
7	铜线网	16mm²	个	20	
8	插座式SPD		个	22	
9	热镀锌角钢	L50×5×2500mm	根	121	
10	热镀锌圆钢	φ10mm	根	1785	
11	避雷短针	φ16×400mm	根	116	
12	热镀锌扁钢	40×4mm	m	496	
13	固定支架	高15cm	套	300	
14	沥青漆	2升/桶	桶	5	
15	其他辅助材料		批	1	

四、安装要求

1.防直击雷装置施工时应先做地网，再敷设引下线，最后装置避雷带；

2.地网应安装在离散水约1m以上的位置，并避开人行道，为防跨步电压，地网沟深应不小于1m；

3.水平接地体的埋设深度应不小于0.5m，垂直接地体的安装间隔不小于5m；

4.所有地网应与建筑立柱电气连接；

5.相邻两地网应进行等电位连接，连接深度应不小于0.5m，回填地网时应夯实，回填须加垫PVC管；

6.引下线电流引下线均应在入地前加装PVC管，高度不小于3m；

7.避雷带接设应平直，固定支架的间距为1.2m；

8.所有建筑物顶原有的金属用具（如水箱、太阳能热水器等）必须与避雷带连接；

9.所有焊接点的搭接长度不大于4倍宽；

10.地网的工频接地电阻值不大于4欧；

11.所有接头均必须做防腐处理，防锈处理；

12.安装电源SPD前先检测地线型号、规格是否符合规范要求，但要安装在通风环境好且便于维护的场所；

13.一台SPD应安装在小孩触摸不到的地方，规格是否与设计文件相符，该产品是否备案；

14.SPD引线，必须检查连接线是否正确，否则不通电；

15.安装完成后，必须检查连接线是否正确，否则不通电；

16.SPD通电后检查是否工作正常，否则不通电。

工程名称	
设计阶段	
出图日期	
单位	
描（绘）图	图　号

主管	
设计总负责	
审核	
校对	
设计	

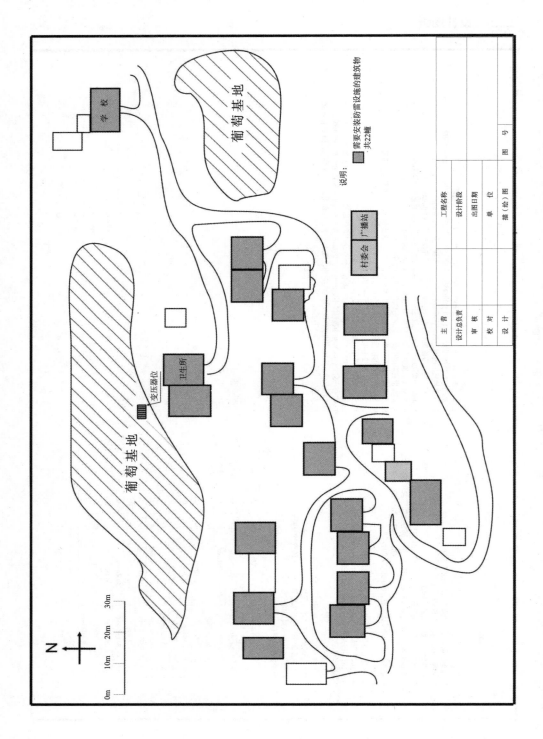

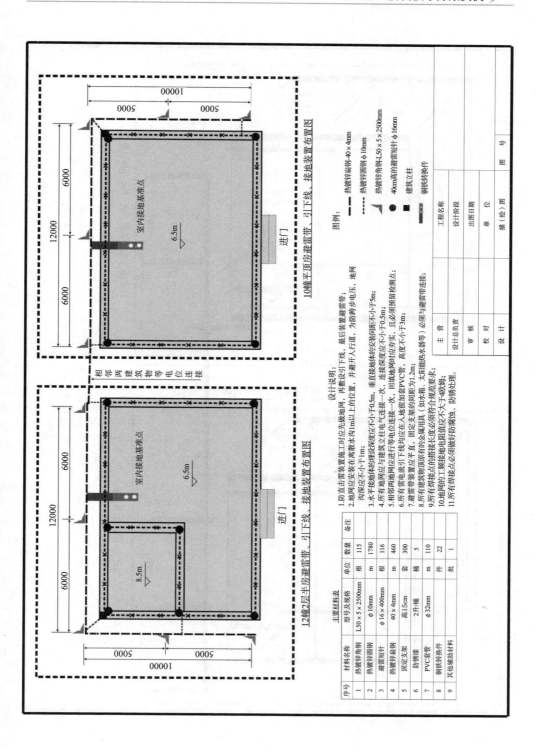

10幢平顶房避雷带、引下线、接地装置布置图

12幢2层半房避雷带、引下线、接地装置布置图

图例：
热镀锌扁钢-40×4mm
热镀锌圆钢φ10mm
热镀锌角钢L50×5×2500mm
40cm高的避雷短针φ16mm
建筑立柱
铜铁转换件

工程名称		图 号
设计阶段		
出图日期		
单 位		
描（绘）图		
主 管		
设计总负责		
审 核		
校 对		
设 计		

设计说明：
1. 房屋直击雷需整整施工时应先做地网，再敷设引下线，最后装置避雷带；
2. 地网应安装在离散水沟1m以上的位置，并避开入行道，为防跨步电压，地网沟深应不小于1m；
3. 水平接地体的埋设深度应不小于0.5m，重直接地体的安装间距不小于5m；
4. 所有地网应进行等电位连接一次，连接深度应不少于实，回填地网时应夯实，且应须预留检测点；
5. 相邻两地网应进行等电位连接；
6. 所有雷电流引下线均应在套PVC管，回填地网时应夯实，且应须预留检测点；
7. 避雷带安装时必须平直，固定支架必须安装在人地前应套PVC管，高度不小于3m；
8. 所有建筑物顶原有的金属用具（如水箱、太阳能热水器等）必须与避雷带连接；
9. 所有焊接地点的搭接长度必须符合规范要求；
10. 地网的工频接地电阻应不大于4欧姆；
11. 所有焊接点必须做好防腐蚀、防锈处理。

主要材料表

序号	材料名称	型号及规格	单位	数量	备注
1	热镀锌角钢	L50×5×2500mm	根	115	
2	热镀锌圆钢	φ10mm	m	1780	
3	避雷短针	φ16×400mm	根	116	
4	热镀锌扁钢	40×4mm	m	460	
5	固定支架	高15cm	套	300	
6	防锈漆	2升/桶	桶	5	
7	PVC套管	φ32mm	m	110	
8	铜铁转换件		件	22	
9	其他辅助材料		批	1	

71

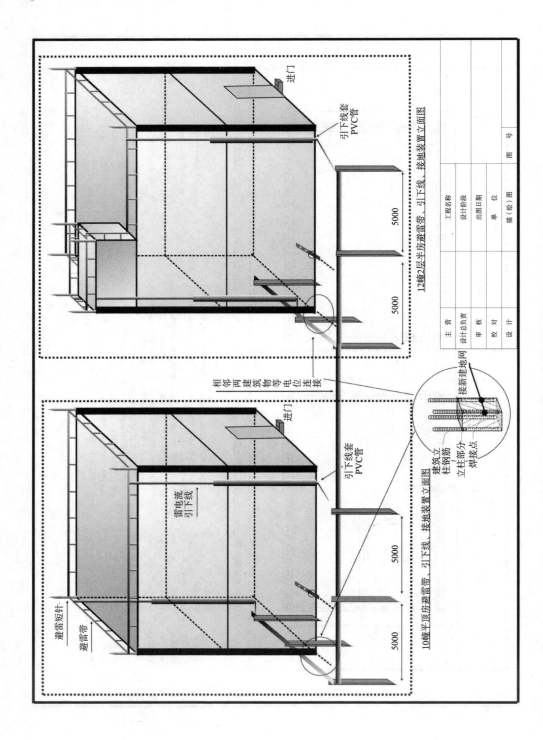

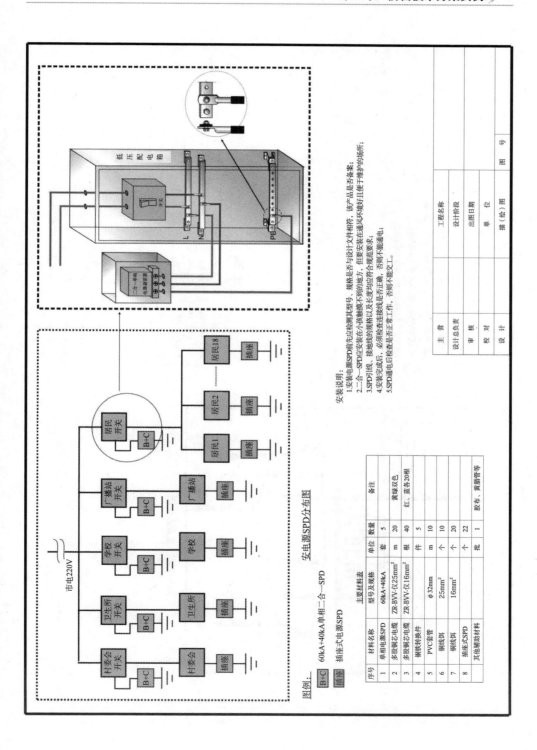

安电源SPD分布图

图例：
B+C
插座

安装说明：
1.安装电源SPD前应先检测其型号、规格是否与设计文件相符、该产品是否备案；
2.二合一SPD应安装在小孩触摸不到的地方，但要安装在通风环境好且便于维护的场所；
3.SPD引线，接地线的规格以及长度均应符合规范要求；
4.安装完成后，必须检查连接线是否正确，否则不能通电；
5.SPD通电后请检查是否正常工作，否则不能交工。

主要材料表

序号	材料名称	型号及规格	单位	数量	备注
1	单相电源SPD	60kA+40kA	套	5	
2	多股铜芯电缆	ZR-BVV-Ω25mm²	m	20	黄绿双色
3	多股铜芯电缆	ZR-BVV-Ω16mm²	根	40	红、蓝各20根
4	铜铁转换件		件	5	
5	PVC套管	φ32mm	m	10	
6	铜线鼻	25mm²	个	10	
7	铜线鼻	16mm²	个	20	
8	插座式SPD		个	22	
	其他辅助材料		批	1	胶布、黄腊管等

主管		工程名称		图号	
设计总负责		设计阶段			
审 核		出图日期		图	
校 对		单 位		号	
设 计		描（绘）图			

73

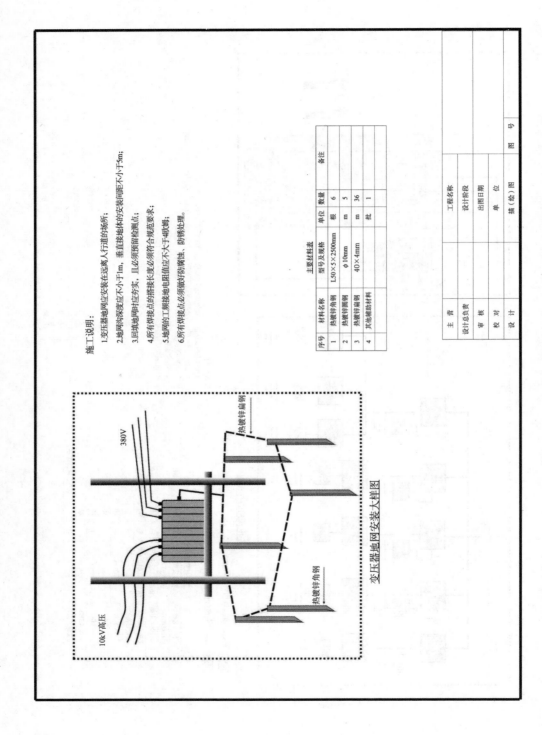

施工说明:

1.变压器地网应安装在远离人行道的场所;

2.地网沟深度应不小于1m,垂直接地体间的安装间距不小于5m;

3.回填地网时应夯实,且必须预留检测点;

4.所有焊接点的搭接长度必须符合规范要求;

5.地网的工频接地电阻值应不大于4欧姆;

6.所有焊接点必须做好防腐蚀、防锈处理。

主要材料表

序号	材料名称	型号及规格	单位	数量	备注
1	热镀锌角钢	L50×5×2500mm	根	6	
2	热镀锌圆钢	φ10mm	m	5	
3	热镀锌扁钢	40×4mm	m	36	
4	其他辅助材料		批	1	

工程名称		图号	
设计阶段			
出图日期			
单 位			
描(绘)图			

主 管	
设计总负责	
审 核	
校 对	
设 计	

380V

10kV高压

热镀锌扁钢

热镀锌角钢

变压器地网安装大样图

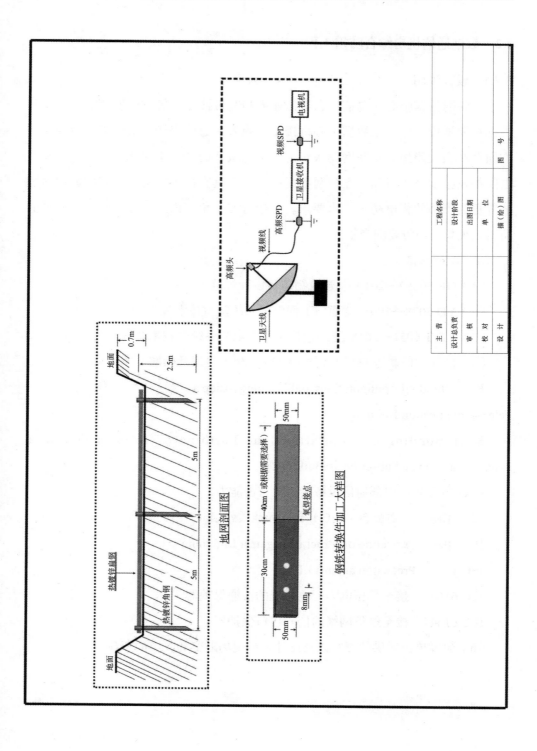

地网剖面图

钢铁转换件加工大详图

3.2　数据通信机房综合防雷工程

3.2.1　设计说明

互联网数据中心在电信信息增值业务和宽带接业务等方面发挥重要作用和占据重要地位。由于某数据中心机楼是由原来普通楼房经改造而来，故在防雷方面存在很大隐患。互联网设备作为对雷电敏感的高度集成化信息设备，在雷电防护及接地技术方面，互联网数据中心机房具有比传统交换、基础数据多媒体等更为严格的雷电防护技术要求。从运行安全角度出发，互联网中心机楼的防雷系统是一项重要配套工程。

3.2.1.1　设计依据

（1）GB 50057—2010：《建筑物防雷设计规范》

（2）YD 5078—1998：《通信工程电源系统防雷技术规定》

（3）YD/T 1051—2018：《通信局（站）电源系统总技术要求》

（4）国际电信联盟 ITU-T（原 CCITT）相关建议及标准：

K.27 Bonding Configurations and Earthing inside a Telecommunication Building.

K.31 Bonding Configurations and Earthing of Telecommunication Installation inside a Subscriber's Building.

K.41 电信中心内部通信设备接口抗雷击能力

（5）国际电工委员会（IEC）有关标准系列：

IEC 1024　Protection of Structures against Lightning

IEC 1312　Protection against LEMP

IEC 61643　接至低压电力配电系统的浪涌保护器

IEC 61644　接至电信网络的信号接口保护器

（6）建设单位提供的资料以及设计人员现场勘察和收集的资料。

3.2.1.2 工程内容范围和责任分工

（1）工程内容范围

本设计主要负责下列五个方面的改造和安装设计：

① 低压配电系统浪涌保护器（多级防雷）的安装设计。

② 网管/监控网络接口保护浪涌保护器的安装设计。

③ 室内设备地线系统的改造和安装设计。

④ 大楼地网的改造和安装设计。

⑤ 楼顶接闪带的改造和安装设计。

（2）工程责任分工

① 本设计负责上述五个方面的安装。

② 本设计负责提出需安装设备的技术性能要求。

③ 本设计负责提出工程设计、施工安装和工程竣工验收技术要求。

④ 施工单位负责配套防雷设备的安装和调测、接地地网（含 XIT 接地系统）的安装、设备地线和地排的安装布放、独立接闪杆及其雷电流专用引下线的安装。

⑤ 建设单位统筹安排所需防雷设备的订货和采购，同时协调各方面的工作。

3.2.1.3 需说明的问题

在电力室和 UPS 设备布置、市电电力沟位置、机房设备平面、走线架/槽布置等最终完整方案出来后，防雷工程设计中的图纸部分也将可能作相应的修改。

3.2.2 设计方案

3.2.2.1 通信电源系统的多级防雷措施

（1）电源浪涌保护器的配置

作为国家级的数据中心，不仅对供电系统要求高，在数据中心电源系统也采取多级防雷措施。

数据通信机房电源浪涌保护器的配置概况见表 3.2-1。

表 3.2-1　数据通信机房电源浪涌保护器的配置概况

电源浪涌保护器 安装位置	电源系统	型号规格	防护级别	通流容量要求 （8/20μs）	数量 （台）
市/油转换屏 （一楼低压配电室）	三相	自由选择	第一级	≥100kA	1
UPS交流输入配电屏 （二楼电力室）	三相	自由选择	第二级	≥50kA	1
交流输入配电屏 （三楼电力室）	三相	自由选择	第二级	≥50kA	1
交流输入配电屏 （四楼电力室）	三相	自由选择	第二级	≥50kA	1
UPS交流输入配电屏 （五楼电力室）	三相	自由选择	第二级	≥50kA	1
各数据通信机房交流设备 用的交流列柜输入端 （二楼至五楼机房）	三相/单相	自由选择	第三、四级	≥20kA	1

（2）电源浪涌保护器的技术指标

电源浪涌保护器的技术指标见表 3.2-2。

表 3.2-2　电源浪涌保护器技术性能参数

型号	最大连续 工作电压 L-N（PE）	连接 方式	通流容量 （8/20μs）	保护模式	辅助功能	残压 （3kA时）
自由选择	~320V	并联	≥100kA	L1(L2、L3）-N、 L1(L2、L3）-PE、N-PE	告警、雷击 计数、远程 监视	
自由选择	~300V	并联	≥50kA	L1(L2、L3）-N、 L1(L2、L3）-PE、N-PE	告警、雷击 计数	≤850V
自由选择	~320V	并联	≥20kA	L1(L2、L3）-PE、N-PE	告警、雷击 计数	≤800V

（3）电源浪涌保护器的安装要求

在安装电源浪涌保护器时，应符合 GB 50343—2012 的要求。

①电源浪涌保护器的连接引线必须足够粗并尽可能短。

②引线截面积应符合表 3.2-3 的要求。

表 3.2-3　浪涌保护器连接引线最小截面积（引用 GB 50343—2012）

SPD级数	SPD的类型	引线截面积（mm²）	
		SPD连接相线铜导线	SPD接地端连接铜导线
第一级	开关型或限压型	6.0	10.0
第二级	限压型	4.0	6.0
第三级	限压型	2.5	4.0
第四级	限压型	2.5	4.0

③所有连接线的长度应 ≤ 0.5m，否则应增加接地汇流排或增大连接引线的横截面积；

④引线应平行敷设，不允许交叉缠绕。

3.2.2.2　网络设备的雷电防护措施

考虑到网络接口的数据 / 信号连接电缆通常较长，一般超过十几米，为了消除网络连接电缆上的感应过电压对这些网络接口造成的危害，对这些重要的网络接口进行合适的雷电防护是非常有必要的。

本工程重点在监控网络的 10/100BaseT 接口、主机托管机房的 10/100BaseT 接口上，配置可安装在标准 19 英寸机架上并具有 RJ45 形式的 10/100BaseT 接口保护装置。

数据中心（IDC）监控网络设备 10/100BaseT 接口浪涌保护器性能及配置见表 3.2-4。

表 3.2-4　网络接口浪涌保护器性能与配置

接口浪涌保护器型号规格	接口形式	工作速率	工作电压	通流容量（8/20μs）	数量（台）	限制电压（1.5kV、10/700μs）
ESP LN-16/16	RJ45	100Mbps	4V	≥350A	8	12.5V

备注：

1.机械尺寸：56mm×54mm×18mm ［492.6mm（19"）×88.3mm（2U）×67mm］；

2.多路保护：每一套装置，可同时对16路的RJ45接口电路进行保护；

3.安装位置说明：在一楼的网管中心（NOC）安装1套、在主机托管区域安装4套、在大客户区域安装3套可固定在标准19英寸机架上的RJ45（10/100BaseT接口）配线保护装置。

3.2.2.3　室内设备接地系统的设计

室内设备接地系统采取星形 IBN 结构，并保证整个系统内的所有设备只有一个公共接地参考点，即联合地网（公共接地网）。星形 IBN 结构示意如图 3.2-1 所示。

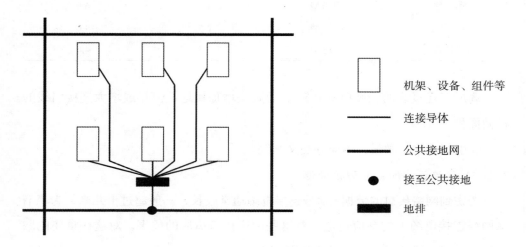

- □　机架、设备、组件等
- ——　连接导体
- ——　公共接地网
- ●　接至公共接地
- ▬　地排

图 3.2-1　星形 IBN 结构示意

室内设备接地汇流排配置见表 3.2-5。

表 3.2-5　室内设备接地汇流排配置

地排设置	放置位置	地排规格	数量	备注
大楼总地排MGB	一楼低压配电室	500×150×10mm	2块	配地排箱
一楼地排	发电机室	400×100×10mm	1块：设备保护地排	
	网络监控室		1块：设备保护地排	配地排箱
二楼地排	二楼电力室	400×100×10mm	1块：交流保护地排	配地排箱
			1块：为-48V正极接地排	
	二楼数据通信机房	400×100×10mm	3块：设备保护地排	配地排箱
三楼地排	三楼电力室	400×100×10mm	1块：交流保护地排	
			1块：为-48V正极接地排	
	三楼数据备份室	400×100×10mm	1块：设备保护地排	配地排箱
	三楼主机托管机房		3块：设备保护地排	配地排箱

地排设置	放置位置	地排规格	数量	备注
四楼地排	四楼电力室	400×100×10mm	1块：交流保护地排	配地排箱
			1块：为-48V正极接地排	
	四楼主机托管机房	400×100×10mm	3块：设备保护地排	配地排箱
五楼地排	五楼电力室	400×100×10mm	1块：交流保护地排	配地排箱
			1块：为-48V正极接地排	
	五楼机房	400×100×10mm	3块：设备保护地排	配地排箱
六楼地排	发展机房	400×100×10mm	3块	配地排箱

说明：

1.由于设备较多，故设置2块大楼总地排（并接在一起）。总地排直接与新建环形地网连接。

2.各楼层电力室地排中的地排：交流保护地排、-48V正极接地排等，均应分别各自通过95mm² 铜缆直接接至大楼总地排，不应在电力室先并接；严禁采用零线（中性线）作为保护接地。

3.各楼层数据通信机房的设备地排可接至相应层电力室保护地排，或汇总后直接通过95mm²铜缆接至大楼总地排。

4.各设备连接地线应不小于35mm²，建议采用50~70mm²的铜缆。

5.为方便和美观，还应对每一层的地线汇集的地排配置一个地排箱。在地排箱固定时应保持与墙壁、立柱等钢筋的可靠绝缘。

6.在汇流排上固定接地线的要求：

a.所有接地线与总汇流派、分汇流排连接时，均要用铜线饵、铜螺栓、铜螺帽及弹簧垫片紧固，严禁不通过线饵、螺栓、螺帽及垫片等直接将接地线固定在汇流排上。

b.一个螺栓孔和一个螺栓只能接一根接地线。

3.2.2.4　大楼接地地网的改造

根据本项目周围的地理位置情况，采取增设环形接地体、安装 XIT 免维护电解质接地系统，以及使用 LRCP 长效降阻剂来改善大楼的地网结构、接地分布面积和土壤接地电阻率。

环形接地地网的配置情况见表 3.2-6。

表 3.2-6　环形接地地网的配置情况

项目	型号规格	备注
环形接地体（水平接地体）	4×40mm镀锡扁紫铜带	埋地深度0.5~0.7m
垂直接地体	5×50×50mm镀锌角钢	每支长2.5~3m，间隔3~4m
	XIT自动调节接地系统（直杆型3m）（美国）	共4支，每个孔洞挖深约330cm、直径约25cm
降阻剂	LRCP长效降阻剂（北京）	在水平接地体上的使用量不小于（15~20）kg/m

说明：

1.新建的环形接地体必须通过4×40mm镀锡扁紫铜带与大楼多根基础立柱（不小于4根立柱）钢筋在地面下约0.5m处可靠焊接。

2.应从新建的环形接地地网中引出接地母线端，通过不小于150mm²的铜缆与大楼的总地排可靠连接。

3.所有焊接点必须做防腐处理，如涂绝缘油漆或沥青。

3.2.2.5 楼顶接闪带的改造

由于大楼使用了多年，天面层的女儿墙接闪带已基本失修，因此需重新对天面层接闪带进行改造。改造女儿墙接闪带时，需采取以下措施：

（1）在女儿墙上围绕建筑物天面层新建的接闪带高度为 15～20cm，注意应与建筑物立柱钢筋保持绝缘。

（2）为了增加耐久性及美观程度，接闪带采取 φ32mm 等不锈钢材料来建造。

（3）在天面层女儿墙上新建的接闪带周边上再设置 6 支不锈钢接闪杆（φ32mm），高度超过接闪带 0.5～1.0m，并与新建的接闪带可靠焊接。

3.2.3 本防雷工程的主要工程量

本防雷工程的主要工程量见表 3.2-7。

表 3.2-7 防雷工程的主要工程量

局名	工作内容	单位	数量	备注
较场西IDC机房	安装三相交流电源浪涌保护器	台	8	含配套空气开关
	安装19英寸10/100BaseT 接口保护装置	套	8	RJ45接口，19英寸机架安装 16路保护/套
	安装大楼室内设备接地系统	局	1	包括接地排、接地线的安装和布放
	新建大楼的环形接地地网	个	1	包括开挖水泥路面和修复、敷设降阻剂 安装垂直接地体、与建筑物立柱钢筋的焊接等
	安装XIT自动调节接地系统	支	4	3m直杆型
	安装天面层接闪带	楼	1	
	安装接闪带引下线	根	8	包括穿φ32的PVC管（每两根引下线为一组，分四组穿PVC管埋入外墙体后引入地网）

3.2.4 施工说明

（1）各级电源浪涌保护器的安装位置和安装方式应正确。浪涌保护器连接引线应为不小于 25mm² 的铜缆，并与供电电源连接紧固、可靠，长度应尽可能短。如超过 1.0m 长，应适当加粗连接引线。

（2）电源浪涌保护器的保护接地线应为不小于 35mm² 的铜缆，并尽可能就近与总汇流排或交流分汇流排可靠连接。

（3）10/100BaseT 接口浪涌保护器的保护接地线应与被保护的设备地线可靠连接，接地线应不小于 4mm²。

（4）各地线连接处应通过铜螺丝、铜螺帽、弹簧垫片等与汇流排接触良好、紧固可靠。

（5）设备的保护地与工作地应严格分开，不能接在一起。

（6）新建天面层的接闪带及其雷电流专用引下线应要求与建筑物地面以上的立柱钢筋（除在基础地网连接外）保持绝缘。

（7）接闪带引下线与新建环形接地地网、新建环形接地地网与建筑物立柱主钢筋应可靠焊接在一起，其搭接焊缝长度应符合规范要求。

（8）所有焊接点应进行防腐、防锈处理，通常涂沥青漆起保护作用。

（9）XIT 自动调节接地系统的安装应严格按照产品说明书要求进行。

3.3 高山电视台防雷改造技术方案

3.3.1 基本情况

3.3.1.1 中继站位置情况

某无线发射台位于：E116° 32'32"，N29° 33'47"，海拔 473m，站内安装有 1 个铁塔，两栋平房，分别为设备控制机房和值班用房等，另外还有 1 个简易铁皮罩棚，用于安装发电机。设备机房楼顶安装有两个直径 3m 的卫星天线，全站还安装有 3 个室外监控探头，如图 3.3-1 所示。

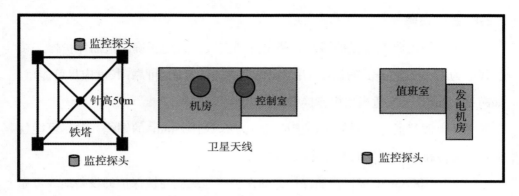

图 3.3-1　某高山无线发射台平面布置

3.3.1.2　防雷装置情况

外部防雷（防雷击装置）：主要由高约 50m 独立接闪杆保护，两栋平房均安装了接闪带。

内部防雷（防电涌、防雷电波侵入、防 LEMP 等）：发射系统的配电线路安装三级 SPD，其他设备系统安装了两级 SPD，且两级 SPD 型号相同。设备机房立地机柜接地良好，其他设备均无接地（等电位连接）保护措施。

3.3.1.3　雷击损坏情况

该无线发射台最近几年因雷电损坏的设备见表 3.3-1。

表 3.3-1　雷电损坏的设备清单

序号	设备名称	型号或规格	数量	损坏时间	备注
1	前、末级功放单元		4	2020.7.1	
2	激励器		2	2020.7.1	
3	风机		2	2020.7.1	
4	发射机电源		1	2020.7.1	
5	解码器		1	2020.7.1	
6	防雷浪涌保护器(模块式)		2	2020.4.1	
7	监控球机摄像头		3	2020.4	
8	监控硬盘录像机		1	2020.4	
9	无线路由器		3	2020.4.1	
10	电源防雷箱（箱式）		4	2020.4.1	

3.3.2 存在的问题

（1）配电系统 SPD 配置不规范，第一、二级 SPD 采用同等型号，导致能量不平衡，造成设备损坏；

（2）卫星天线基座无接地、高频头无接地保护、卫星信号线路无浪涌保护措施；

（3）收/发射系统的同轴电缆屏蔽层（天线侧、入户端、设备端）保护接地措施不完善；

（4）光纤龙骨、盘纤盒、光纤收/发器等均无接地保护措施；

（5）室外监控探头、支撑杆无接地保护措施；

（6）室内设备等电位连接不到位（部分设备金属外壳没有接地措施）。

3.3.3 技术方案

3.3.3.1 配电系统的多级保护

按照 GB 50343—2012 的规定，电子信息系统依据其重要性、使用性质等，可划分为 A、B、C、D 等四个等级进行雷电防护设计，A 级为最高级。根据 GB 50343—2012 中表 5.4.3-3 "电源线路浪涌保护器冲击电流和标称放电电流参数"，配电系统的 SPD 安装位置如图 3.3-2 所示。

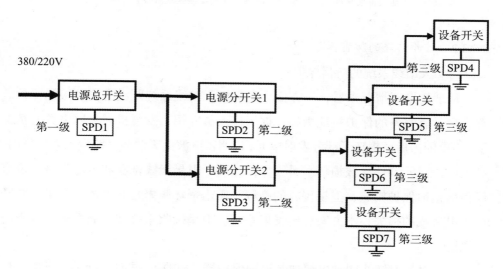

图 3.3-2　配电系统 SPD 安装位置

该无线发射台属于高山通信站，通过现场测量的数据，进行雷电防护拦截效率的计算，该无线发射台应按 A 级要求配置电源浪涌保护器。

无线发射台配电线路浪涌保护配置要求如下：

第一级应采用电流波形为 10/350us、冲击电流 ≥ 20kA 或电流波形为 8/20us、标称电流 ≥ 80kA。

第二级应采用电流波形为 8/20us、标称电流 ≥ 40kA。

第三级应采用电流波形为 8/20us、标称电流 ≥ 5kA。

无线发射台配电系统浪涌保护配置见表 3.3-2。

表 3.3-2　配电系统浪涌保护配置

序号	级别	型号或规格	安装位置	数量	备注
1	第一级	20kA（10/350μs）或 120kA（8/20μs）	配电总开关处	1组（套）	
2	第二级	50kA（8/20μs）	各分开关处	2组（套）	
3	第三级	10kA（8/20μs）且要求 UP≥1.5kV	各设备开关处	6组（个）	插座式SPD

说明：

1.配电总开关处原先安装的SPD容量太小，应更换成通流量较大的；

2.发射机内的第三级SPD，已经坏了一组，建议两台发射机内的SPD全部更换成满足表3.3-2技术参数的SPD，其他设备前端增加一级SPD（这里建议安装插座式SPD）。

3.3.3.2　信号系统的防雷保护设计

（1）天馈线系统的防雷保护

从现场勘察情况来看，一方面，发射机天馈线系统既没有安装浪涌保护装置，也没有完备的保护接地措施。据工作人员介绍，发射机在关闭电源的情况下，雷电闪击后还损坏了部分发射单元，说明雷电波沿天馈线系统侵入发射机内，高电压击穿元器件导致损坏。另一方面，由于卫星天线基座和卫星信号均没有可靠的接地保护措施，卫星接收的高频头雷击损坏频繁是必然的。为了有效降低雷电造成的损失，本方案提出发射系统、卫星接收系统和监制系统做以下防雷改造：

一是对发射馈线同轴电缆加装浪涌保护器（SPD），同时对同轴电缆屏蔽层做接地，具体做法如图 3.3-3 所示。

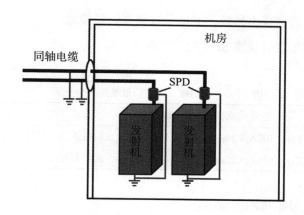

图 3.3-3 馈线接地、SPD 接地

图中同轴馈线电缆屏蔽层在机房的入口处应做接地处理，另外，要求同轴馈线电缆屏蔽层从天线算起每隔 25m 接地一次，以此减少雷电波反击而损坏设备。

射频信号浪涌保护器（SPD）安装在发射机的馈线接口处，且做好接地。

二是卫星天线基座和高频头的接地措施，另外，高频头信号线路上增加安装信号 SPD，如图 3.3-4 所示。

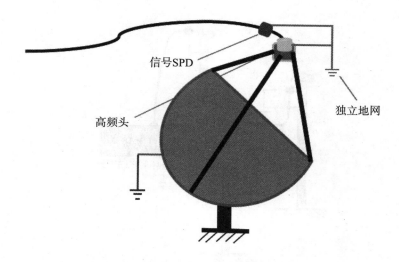

图 3.3-4 卫星天线、SPD 接地

图中高频头和信号 SPD 应单独接地，不能与铁塔地网连接，是为了防止高频信号（卫星）的衰减，另外，卫星天线也要做好接地。

天馈线、卫星信号线路 SPD 配置见表 3.3-3。

表 3.3-3　天馈线、卫星信号线路 SPD 配置

序号	名称	型号或规格	工作频率	安装位置	数量	备注
1	射频信号SPD	10kA(8/20us)	600～1000Mhz	发射机馈线接口处	2	
2	卫星信号SPD	10kA(8/20us)	2000～400Mhz	高频头接口处	2	

（2）监控信号系统的防雷改造

监控探头支撑杆均安装在铁塔边，支撑杆均无接地保护措施，同时监控信号线路也没有安装信号浪涌器，最关键的是，监控信号线的屏蔽层没有保护接地，这对于雷电来说，完全处于裸露状态。在雷击损坏的设备清单中有硬盘录像机，与硬盘录像机连接的线路有电源、信号采集器（监控探头），雷电波可以通过电源线路和监控信号线路侵入，但电源系统安装了三级浪涌保护，所以，监控信号线路也应安装浪涌保护器，同时还要做好接地处理。

监控主机、探头支撑杆接地和视频信号浪涌保护器安装分布如图 3.3-5 所示

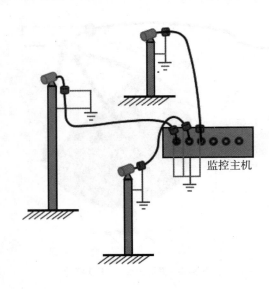

图 3.3-5　监控系统防雷与接地分布

为降低监控探头和主机遭受雷击损坏的概率，本方案设计视频信号线路两端分别安装一个浪涌保护器，监控系统防雷保护设备见表 3.3-4。

表 3.3-4　监控系统防雷保护设备

序号	名称	型号或规格	特性阻抗	单位	数量	备注
1	视频信号SPD	视频和电源二合一	75Ω	个	6	插入损耗≤0.5dB

3.3.3.3　高频头新建地网设计

本方案提出专门用于高频头接地的独立地网，主要是考虑避免铁塔地网在闪击瞬间的高电位反击，所以新建地网与铁塔地网完全分开。

由于该无线发射台位于山顶，土壤条件差，土壤层不足 30cm，大部分是石头，无法安装垂直接地极（普通角钢无法打入地下），所以新建地网主要考虑安装水平接地极。具体做法如图 3.3-6 所示。

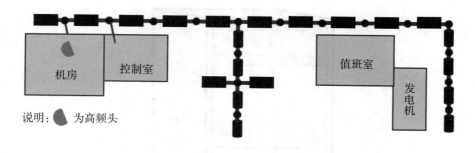

图 3.3-6　地网分布

为使接地电阻值满足要求，故采用导电性能比较高的专用接地模块，通过热镀锌扁钢连接，新建地网的接地电阻值应≤ 4Ω。

新建地网的主要材料见表 3.3-5。

表 3.3-5　新建地网的主要材料

序号	材料名称	型号规格	单位	数量	备注
1	方形接地模块	$500 \times 200 \times 40mm$	块	12	
2	圆柱形接地模块	$\Phi 200 \times 600mm$	个	8	
3	热镀锌扁钢	$40 \times 4mm$	m	30	
4	铜铁转换件	$300 \times 40 \times 4mm$	套	1	

3.3.3.4　等电位连接设计

在防雷工程中，等电位连接非常重要，它可以消除电位反击问题，很多电器设备损坏都是高电位反击造成的。该无线发射台的设备中，光电转换器、路由器、网络交换机、监控主机（硬盘录像机）等弱电设备均无接地保护措施，而这些设备都无序放置在一张金属桌面上，光纤盘纤也是随意挂在墙上，这种布置存在严重的防雷安全隐患。为此，本方案提出，在控制室内增加一个 19 英寸全金属机柜，并将机柜接地。诸如光电转换器、路由器、网络交换机、监控主机（硬盘录像机）等弱电设备均固定到金属机柜内，与金属机柜可靠连接，如图 3.3-7 所示。

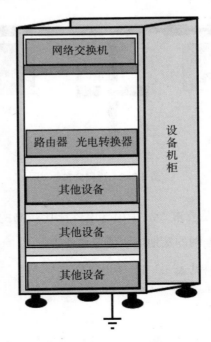

图 3.3-7　设备机柜接地

3.3.3.5 主要设备及材料

本方案列出的主要设备和材料如下：

（1）主要设备包括电源浪涌保护器、卫星信号浪涌保护器、发射机的射频信号浪涌保护器和监控视频信号电涌保护器等四类，还有一个19英寸专用电信金属机柜等。

（2）主要材料包括专用接地模块、热镀锌扁钢、接地铜排、专用接地铜导线等。

本工程设计的设备和主要材料见表3.3-6。

表3.3-6 本工程设计的设备和主要材料

序号	设备或材料名称	型号规格	单位	数量	备注
1	第一级电源SPD	20kA（10/350μs）或120kA（8/20μs）	组	1	箱式
2	第二级电源SPD	50kA（8/20μs）	组	2	箱式
3	第三级电源SPD	10kA（8/20μs）且要求UP≥1.5kV	组	5	模块2，插座3
4	射频信号SPD	10kA(8/20μs)	个	2	
5	卫星信号SPD	10kA(8/20μs)	个	2	
6	视频和电源二合一	特性阻抗75Ω，且插入损耗≤0.5dB	个	3	
7	方形接地模块	500×200×40mm	块	12	
8	圆柱形接地模块	Φ200×600mm	个	8	
9	热镀锌扁钢	40×4mm	m	30	
10	铜铁转换件	300×40×4mm	件	1	
11	聚氯乙烯电力电缆	ZR-RJV-1kV×16mm²	m	40	
12	聚氯乙烯电力电缆	ZR-RJV-1kV×4mm²	m	100	
13	接地汇流排	500×200×5mm（含支架等配件）	套	2	

3.3.4 施工说明

3.3.4.1 电源电涌保护器的安装要求

在安装电源SPD时，要求SPD的接地端口与地线汇流排之间的距离≤0.5m。如果SPD的接地线过长，由于SPD动作后残压的存在，致使SPD的限制电压过高，起不到保护作用。因此，应正确安装SPD。电源SPD的安装要求如下：

（1）引线的截面积应符合以下原则：（引用 GB 50343—2012）

①通流量 120kA（8/20μs）或 20kA（10/350μs）：相线 ≥ 10mm² 的多股铜芯线，接地应 ≥ 16mm² 的多股铜芯线；

②通流量 50kA（8/20μs）：相线 ≥ 4mm² 的多股铜芯线，接地应 ≥ 6mm² 的多股铜芯线；

③通流量 10kA（8/20μs）：相线 ≥ 2.5mm² 的多股铜芯线，接地应 ≥ 4mm² 的多股铜芯线。

（2）如果引线长度超过 1.0 米时，应加大导线的截面积。

（3）所选用的电力电缆应有阻燃功能，且耐压水平必须大于 1kV。

（4）引线应紧凑平行敷设或平行绑扎，绝不允许交叉或缠扰。

（5）SPD 的接地线应采用双色电力电缆，且截面积必须大于引线的截面积。

另外，各级电源电涌保护之间的距离应满足规范要求，即开关型之间或开关型与限压型之间应不小于 10m，限压型之间应不小于 5m。同时，要求接地线与接地排的过渡电阻值应小于 0.2Ω。割接电源电涌保护器时，应确认在接入点没有电的情况下进行，割接完成并确认连接线无误后方可通电。

3.3.4.2 信号电涌保护器安装要求

本方案中涉及三种信号 SPD，分别为发射机射频信号、卫星接收信号、监控视频信号三种，这三种信号 SPD 都是以串联方式接收到线路中，都会产生插入损耗，当对信号质量影响太大时，应中止安装，并立即恢复原样。注意信号 SPD 的接地连接线长度应小于 0.5m，且过渡电阻值应小于 0.2Ω。（引用 GB 50601—2010　GB 50057—2010　GB 50343—2012）

3.3.4.3 新建地网的施工要求

本方案设计的地网主要用于卫星接收高频头的接地，由于阳储山顶土壤层薄，在开挖地网沟时应避开铁塔地网，且要求距离铁塔地网 15m 以上，确保本地网完全独立。

3.3.4.4　等电位连接施工要求

安装地线时，应特别注意与电源系统的相线分开敷设，所有地线与地排连接时都必须压接线饵，通过螺栓连接，原则上要求一个螺孔只接一条地线，不允许几条地线叠加在一个螺栓上。

3.3.4.5　屏蔽接地要求

本方案中提出射频信号屏蔽层、卫星接收同轴信号电缆屏蔽层和监控视频信号线屏蔽层的接地，这是为了防止雷电感应或雷击电磁脉冲侵入设备。

发射天线安装在铁塔上，馈线电缆从天线到发射机至少 50m 长，而且沿铁塔敷设进入机房，馈线电缆进入机房之前一直处于铁塔的 LPZOB 区，这个 LPZOB 区内雷电感应或雷击电磁脉冲都非常强，所以，要求射频电缆在进入机房的入口处接地 1 次，天线至机房入口处之间应每 25m 接地 1 次。同时要求接地线的长度应小于 0.5m，且应采用截面积不小于 4mm² 的多股铜线。

卫星信号线屏蔽层和监控信号线屏蔽层的接地，要求接地线的长度应小于 0.5m，且应采用截面积不小于 2.5mm² 的多股铜线。（引用 GB 50343—2012）

3.3.5　防雷工程竣工验收技术要求

3.3.5.1　基本原则

（1）防雷工程的验收由建设方或由防雷工程设计部门组织，由建设单位、施工单位、设计单位、防雷机构共同参与。

（2）防雷工程施工单位必须严格按照设计文件要求精心施工，防雷工程设计部门应派专人负责监理和技术督导；工程验收也必须严格按照实际文件要求逐项仔细检查和核实。

（3）隐蔽工程（如地网）随工验收，做好详细记录，要求质量监督人员签字确认。

（4）工程竣工验收时，对发现的问题和存在的隐患，施工单位必须及时处理和整改，直到完全达到设计指标。

3.3.5.2　验收规定

防雷工程验收应从以下几个方面全方位进行：

（1）接闪带的验收（引用 GB/T 21431—2015　GB 50057—2010）

①检查所安装的接闪带是否平直；

②检查支架是否牢固，固定支架能否承受 49N（5kg）拉力，其高度、间距是否符合规范要求；

③引下线距地网 3m 内是否安装绝缘套管；

④检测接闪带的接地电阻值是否符合要求；

⑤检查所有焊接点是否做好防腐蚀、防锈处理等。

（2）多级电源 SPD 的验收

①检查所安装的电源 SPD 是否有质量检验报告；

②检查所安装的电源 SPD 是否与设计文件相同；

③检查 SPD 的参数是否符合规范要求，SPD 安装的位置是否符合规范要求；

④检查 SPD 的引线线径、地线线径是否符合规范要求等。

（3）人工地网的验收

①检查独立地网是否留有测试点；

②检查独立地网场地的恢复情况；

③测试独立地网的接地电阻值是否符合设计要求等。

（4）室内接地的验收

①检查室内接地排的规格是否符合设计要求；

②检查室内接地排与地网连接点是否与防直击雷的引下线入地点的地中间距大于 5m；

③检查连接导线的路由过程中是否与其他线缆有缠绕现象，其安全距离是否符合规范和设计要求等。

（5）信号系统防护的验收

①检查信号 SPD 的型号规格是否符合设计要求；

②检查所有设备的外壳是否进行接地保护措施；

③检查安装 SPD 后是否对信号产生不可接受的影响，即插入损耗、传输速

率等不影响正常工作的要求，否则应更换；

④检查所有安装的信号 SPD 是否有标识。

3.4 工矿企业炸药库防雷改造工程

3.4.1 设计说明

3.4.1.1 概述

某企业的矿区炸药库地处长江中下游，位于修水县港口群山区，是典型的雷电多发区。据气象资料显示，修水县年平均雷暴日为 49 天。该矿区炸药库尽管安装了防雷设施，但每到雷雨季节，还是经常损坏设备。

3.4.1.2 现场勘察

（1）环境情况

该矿区炸药库位于修水县港口镇香炉山群山区，四面环山，库区中心点经纬度为 N29° 17′ 37.9″ 、E114° 22′ 02.9″ ，海拔 598m，炸药库倚山而建。如图 3.4-1 所示。

图 3.4-1 库区情况

（2）土质结构情况

小山丘上的土壤砂石多，表面仅约 30cm 土质，往下多为风化石块，经测量，

5m 深的土壤电阻率为 153.3Ω·m。

（3）矿区炸药库防雷装置基本情况

炸药库内安装有三支独立接闪杆，共有两处库房，一个是雷管库房，另一个是炸药库房，两个库房相距约 20m，如图 3.4-2 所示。

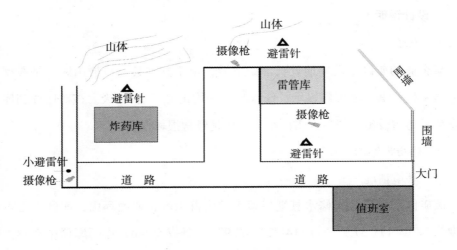

图 3.4–2　炸药库区布置

库内除安装了三支独立接闪杆，可防止直击雷的危害外，未安装防止雷电波侵入、雷电感应电、雷击电磁脉冲等装置，同时所有设备等电位连接、监控系统的线路敷设等均存在问题。

（4）存在的问题

① 设备等电位连接不符合规范要求；

② 电源系统未安装过电压保护装置；

③ 监控系统的视频线路不符合综合布线的规范要求。

3.4.1.3　设计依据

《建筑物防雷设计规范》--GB 50057—2010

《防雷与接地安装》--D501—1～4

《建筑物防雷设施安装》--99D562

《低压配电系统的电涌保护器（SPD）》----------GB 18802.1—2011/IEC 61643

国际电工委员会（IEC）有关标准系列：

IEC 1024—1992　Protection of Structures against Lightning

IEC 1312—1996　Protection against LEMP

3.4.1.4　防雷改造范围

炸药库主要从以下三个方面进行雷电防护改造：

（1）电源系统多级浪涌保护的改造；

（2）设备系统等电位连接的改造；

（3）监控系统的防雷改造。

3.4.2　改造方案

3.4.2.1　电源系统防止浪涌过电压的改造

（1）电源系统多级 SPD 的改造

矿区炸药库内监控系统的电源来自位于库区右上方的监控机房，距离约 80m，没有安装任何防止浪涌过电压设施，根据 GB 50343—2012 的规定，该炸药库的电源系统应安装多级过电压保护装置，因此本整改方案提出安装三级电源 SPD。安装位置如图 3.4-3 所示。

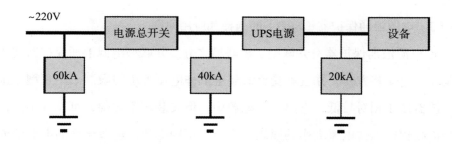

图 3.4-3　电源浪涌保护器分布

电源浪涌保护器（SPD）配置见表 3.4-1。

表 3.4–1　电源浪涌保护器（SPD）配置

序号	设备名称	通流量	安装地点	单位	数量	备注
1	三相电源SPD	In=60kA	总开关处	套	1	
2	单相电源SPD	In=40kA	监控机房UPS前端	套	1	
3	单相电源SPD	In=20kA	监控机房主机等设备前	套	1	

（2）电源浪涌保护器（SPD）的基本技术性能要求

电源浪涌保护器（SPD）的基本技术性能要求见表 3.4-2。

表 3.4–2　电源浪涌保护器（SPD）的基本技术性能要求

保护级别	系统额定电压(V)	最大持续工作电压(V)	动作电压V (L-N,L-PE, N-PE)	漏电流 (μA)	标称通流量 (kA)	残压(kV)	保护模式	告警功能
第一级	～220/380	≥～300	≥450	≤20	≥60	≤4.0	差模、共模	有
第二级	～220/380	≥～300	≥450	≤20	≥40	≤2.5	差模、共模	有
第三级	～220/380	≥～275	≥420	≤20	≥20	≤1.5	差模、共模	有
第四级	～220/380	≥～275	≥420	≤20	≥10	≤0.9	差模、共模	有
	–48(直流)	≥60	≥80	≤20	≥5	≤0.2	差模、共模	有
	–24(直流)	≥30	≥40	≤20	≥5	≤0.2	差模、共模	有
	–12(直流)	≥15	≥24	≤20	≥5	≤0.2	差模、共模	有

（3）电源浪涌保护器（SPD）的选择和应用原则

① 电源浪涌保护器有并联型、串联型之分。并联型电源浪涌保护器残压相对较高，但安装方便，并且不受负载额定工作电流大小的限制；串联型电源浪涌保护器残压相对较低，它串接在电源中，但安装较不方便，可靠性不高，并且受负载额定工作电流大小的限制。应根据不同需要，选择合适的电源浪涌保护器。对于通信系统电源的防雷，原则上选用并联型电源浪涌保护器。

② 电源浪涌保护器的保护模式有共模和差模两种方式：共模保护指相线地线 (L-PE)、零线地线 (N-PE) 间的保护；差模保护指相线—零线 (L-N)、相线相线 (L-L) 间的保护。对于低压侧第二、三、四级保护，除选择共模的保护方式外，

还应尽量选择包括差模在内的保护（引用国际电工委员会 IEC 61643）。

③ 残压是电源浪涌保护器的最重要特性，残压越低，保护效果就越好。但考虑到我国电网电压普遍不稳定、波动范围大的实际情况，在尽量选择残压较低的电源浪涌保护器的同时，还必须考虑浪涌保护器有足够高的最大连续工作电压。如果最大连续工作电压偏低，则易造成浪涌保护器自毁。（引用 GB/T 18802.1—2011/IEC 61643）

④ 通信系统的设备多以脉冲数字电路为主，它对雷电的敏感度极高，为了有效保护通信设备，它的低压配电系统一般考虑安装三级甚至四级电涌保护器，并应根据拦截效率，来选择通流容量和电压保护水平相适应的电源浪涌保护器。

⑤ 选择电源浪涌保护器连接引线的线径时，应严格按照 GB 50343—2012 的要求，当引线长度超过 1.0m 时，应加大引线的截面积。

⑥ 电源浪涌保护器的接地：接地线应符合 GB 50343—2012 的要求。

⑦ 选择电源 SPD 时，应选择有失效告警指示、有阻燃功能的，在失效、自毁时不起火。

（4）电源浪涌保护器（SPD）的选型

本方案中电源 SPD 产品及型号的选择见表 3.4-3。

表 3.4-3　电源浪涌保护器（SPD）配置

序号	产品名称	通流量kA	单位	数量	备注
1	三相电源浪涌保护器	60	套	1	
2	三相二合一电源浪涌保护器	40+20	套	3	

3.4.2.2　接地网改造设计

由于监控机房的设备无接地，本接地网的改造是指电源系统 SPD、设备保护等接地，故应增加一组人工地网，接地电阻值 ≤ 4Ω，以改善设备所需的接地条件。如图 3.4-4 所示。

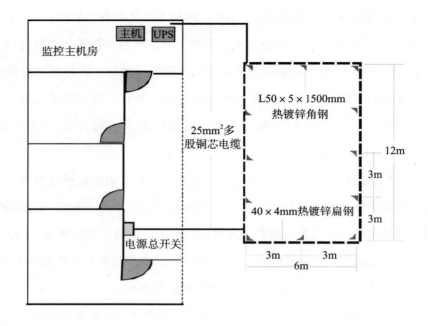

图 3.4-4　人工地网及设备布置

本地网所使用的材料有热镀锌扁钢、热镀锌角钢等，主要材料见表 3.4-4。

表 3.4-4　地网使用的主要材料

序号	材料名称	型号用规格	单位	数量	备注
1	热镀锌扁钢	$40 \times 4mm$	m	48	
2	热镀锌角钢	$50 \times 50 \times 5 \times 1500mm$	根	12	
3	多股铜芯电缆	$ZR\text{-}BVV\text{-}1 \times 25mm^2$	m	20	
4	铜铁转换件		件	2	地网与接地线过渡
5	接地汇流铜排	$300 \times 50 \times 5mm$	套	3	设备接地排
6	其他辅助材料		批	1	

说明：

①考虑山上土质差，故垂直接地极的长度采用1.5m；

②垂直接地极的安装间距应≥3m；

③水平接地极的埋设深度应≥50cm；

④接地极之间的焊接长度应≥12mm。

3.4.2.3 设备系统等电位连接

观测设备种类多，为了满足设备的工作接地、保护接地、防雷接地、以消除设备间的干扰等要求，综合改善对雷电干扰和静电放电能量的耐受性，必须对通信设备的连接结构和接地进行合理布置和规划。

设备的工作接地、保护接地应与防雷引下线的接地连接点相距 5m 以上，防止雷电反击到设备造成设备的损坏。本方案提出分别在电源总开关、监控机房各安装一个等电位汇流排。等电位汇流排采用镀镍紫铜排，规格为 $300 \times 50 \times 5mm$，如图 3.4-5 所示。

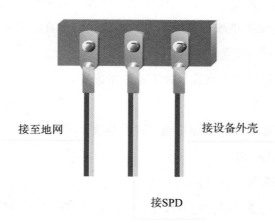

接至地网　　　　　　　　　接设备外壳

接SPD

图 3.4–5　等电位连接排连线

等电位汇流排接至地网时应通过铜铁转换件进行连接，且应采用 $25mm^2$ 的多股铜芯电缆连接。设备等电位连接的主要材料见表 3.4-5。

表 3.4–5　设备等电位连接的主要材料

序号	设备及材料名称	型号及规格	单位	数量	备注
1	接地铜排	$300 \times 50 \times 5mm$	块	3	
2	电力电缆	ZR-BVV-$1 \times 1kV \times 25mm^2$	m	20	
3	铜铁转换件		件	4	
4	其他辅助材料		批	1	

3.4.2.4　监控系统的防雷改造

由于炸药库在初期建设中，各单项工程之间没有协同考虑，你做你的，我做我的，特别是监控系统中的综合布线工程与防雷工程之间，没有全面考虑综合防雷保护问题，只考虑信号线路上过电压的保护，其实还有许多因素，比如等电位连接、地电位抬高等，以至于这两个单项工程结束后，存在比较严重的防雷隐患，如监控探头外壳的接地、视频线路的敷设路径和敷设方式等均不符合规范要求，所以监控设备损坏是必然的。

现场勘察时发现，视频线路敷设在地网中，而且没有做屏蔽措施，摄像探头的接地点与防直击雷引下线的接地点之间没有达到安全距离的要求，同时大部分设备无接地保护措施，如果不进行整改，只要在附近发生雷击闪电，再次损坏监控设备是在所难免的。

鉴于上述因素，本方案提出如下整改措施：

一、等电位连接；

二、信号线路敷设形式和接地方式的整改；

三、更换信号 SPD。

（1）监控探头等电位连接的改造

经常被损坏的 3 个摄像枪其接地都与防直击雷的引下线连接在一起，从布置图 3.4-2 中可以看出这 3 个摄像枪的旁边都各有一支独立接闪杆，它们的信号线路也都从地网中路由到监控机房。根据 GB 50343—2012 中有关信号线路敷设时与防雷装置安全距离的规定是监控信号线路与雷电流引下线的净距离应 ≥ 1000mm，同时还要求：

① 监控信号线路应采用屏蔽线；

② 屏蔽层应两端接地。

（2）信号线路敷设形式和接地方式的改造

① 监控信号线路应敷设金属管或金属线槽内；

② 金属线管或金属线槽应与接地装置可靠连接。

（3）监控视频信号 SPD 的更换

SPD 的作用就是分流浪涌电流或限制瞬态过电压，从而保护后面的设备正常运行。

监控探头的损坏除自身元器件老化外，就只有浪涌电流或瞬态过电压造成的。

由于所有监控探头均安装了信号 SPD，但仍然经常损坏，而从监控探头损坏的过程来看，都是在雷击闪电之后发生的。这些信号 SPD 却没有损坏，SPD 根本没有起作用，说明 SPD 的动作电压（U1mA 值）过高或者电压保护水平（Vp 值）过高，也就是说，这里的 SPD 属于不合格的产品。

鉴于上述原因，某矿区炸药库已安装的监控信号 SPD 是不合格产品，应当进行更换，更换的视频信号 SPD 应满足监控探头的保护要求。具体要求如下：

① 工作频率应与本监控系统的相同；

② 标称放电电流 In ≥ 10kA；

③ 启动电压值（U1mA）=1.15 Uo；

④ 电压保护水平 Vp ≤ 1.5Uo；

⑤ 特性阻抗应与监控系统相匹配，一般为 75Ω；

⑥ 响应时间应为 1ns。

3.4.3　施工说明

3.4.3.1　电源 SPD 安装注意事项

在安装电源 SPD 时，要求 SPD 的接地端口与地线汇流排之间的距离 ≤ 0.5m。如果 SPD 的接地线过长，由于 SPD 动作后残压的存在，致使 SPD 的限制电压过高，起不到保护作用。因此，应正确安装 SPD。电源 SPD 的安装要求如下：

（1）电源 SPD 的连接引线必须足够粗，并且尽可能短。

（2）相线和 N 线、接地线的截面积应符合以下原则：

①通流量 60kA：相线和 N 线应用 ≥ 10m² 的电力电缆，接地线应用 ≥ 16m² 的电力电缆；

②通流量 40kA：相线和 N 线应用 ≥ 6m² 的电力电缆，接地线应用 ≥ 10m² 的电力电缆；

③通流量 20kA：相线和 N 线应用 $\geq 4m^2$ 的电力电缆，接地线应用 $\geq 6m^2$ 的电力电缆。

（3）所有引线长度应 $\leq 0.5m$。

（4）所选用的电力电缆应有阻燃功能，且耐压水平必须大于 455V（一般采用耐压为 1kV 的专用电力电缆）。

（5）引线应紧凑平行敷设或平行绑扎，不允许交叉或缠扰。

（6）SPD 的接地线应采用双色电力电缆，且截面积应大于相线和 N 线的横截面积。

3.4.3.2 地网施工注意事项

（1）地网施工时开挖地沟深度不得小于 50cm，宽度为 40 ~ 60cm，以确保焊接地网时施工方便；地网安装剖面如图 3.4-6 所示。

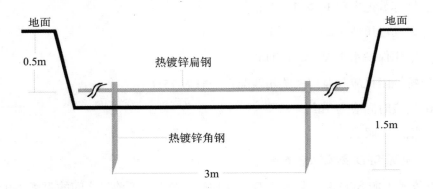

图 3.4-6 地网安装剖面

（2）地网施工时使用热镀锌扁钢作为水平接地极，扁钢的规格应为 $40 \times 4mm$。

（3）垂直接地极采用热镀锌角钢，规格应为 $L50 \times 5 \times 1500mm$，安装间距应为 3m。

（4）焊接地网时，水平接地极的搭接长度应符合规范要求。

（5）对所有焊接点必须先清理焊渣，再涂沥青漆做好防腐蚀、防锈处理。当涂沥青漆时必须覆盖到焊接点的 10cm 以上，防止焊接时其附近因高温损伤镀锌层，使它在短时间内生锈。

（注：隐蔽工程部分，应在施工过程中由现场质量监督人员确认，并做好记录）

3.4.3.3 等电位连接安装注意事项

安装等电位连接线时，应特别注意与电源系统的相线分开敷设，所有地线与地排连接时都必须压接线饵，通过螺栓连接，原则上要求一个螺孔接一条地线，不允许几条地线叠加在一个螺栓上。另外，所有设备处的等电位连接铜排与地网连接成电气通路。

注意：等电位连接铜排与地网的连接点同防直击雷的引下线的接地点之间的距离必须大于 5m，这一点一定要做到，否则会造成反击而损坏设备。

信号线路敷设时应注意以下几点：

（1）监控信号线路的金属管或金属线槽与防直击装置之间的距离应不小于1m；

（2）金属线管或金属线槽与防直击装置的接地点之间的距离应符合规范要求。

3.4.4 施工组织

3.4.4.1 技术准备

（1）工程技术负责人应进行技术交底，以掌握施工中需要哪些新型材料，采用什么样的新施工技术，添加哪些新设备，达到什么样的新工艺，等等。

（2）工程技术负责人应根据工程实际情况编制"施工组织方案"（含施工进度计划等）。

（3）工程部应主动与建设单位建立良好的联系方式，获取施工所必需的各种相关文件（含施工技术规范和标准、注意事项等）。

3.4.4.2 技术交底

施工前，技术负责人应向施工人员提供书面的技术交底，指出施工中的技术难点并讲解质量要求等。

3.4.4.3 特殊过程确认

特殊过程确认包括另行制定专项施工方案或规程、设备能力认可、施工用料、人员资格鉴定、施工过程中的监控。

设备进场时，施工人员应按国家相关要求提供设备的合格证书，确定是否满足要求。

施工人员进场时，施工负责人应对施工人员的资格、操作能力进行鉴定，并对施工过程进行技术交底。

3.4.4.4 施工过程监控

施工负责人对施工人员的操作实施全程监控。特别是对关键部位或薄弱环节进行重点控制，确实把好质量关。

自检：每完成一个单项施工任务，应进行自检并做好记录。

3.4.4.5 工程质量检验评定

防雷工程的质量评定主要有四个方面：一是防直击雷装置的安装工艺和质量的评定；二是人工地网或自然接地装置的安装工艺和质量的评定；三是电涌保护器的安装工艺和质量的评定；四是室内等电位连接的安装工艺和质量的评定等。

3.4.4.6 竣工验收

工程竣工交验前，由项目经理组织对工程进行测试，并对检测试中发现的问题及时作出整改。当整个工程达到验收条件后，施工单位递交验收申请，由业主和第三方防雷检测机构进行检测验收，待检测机构出具合格的检测检验报告后，项目完工即可交付使用。

3.4.5 防雷工程竣工验收技术要求

3.4.5.1 基本原则

（1）防雷工程的验收应由建设方或防雷工程设计部门组织，由建设单位、施工单位、设计单位、防雷机构共同参与。

（2）防雷工程施工单位必须严格按照设计文件要求精心施工，防雷工程设计部门应派专人负责监理和技术督导；工程验收也必须严格按照实际文件要求逐项仔细检查和核实。

（3）对于隐蔽工程（如地网改造等）应实行现场随工验收，对重要部位可进行拍照并做专项记录。

（4）工程竣工验收时，对发现的问题和存在的隐患，施工单位必须及时处理和整改，直到完全达到设计指标。

3.4.5.2 验收规定

防雷工程验收应从以下几个方面全方位进行：

（1）多级电源 SPD 的验收

①检查所安装的电源 SPD 是否有质量检验报告；

②检查所安装的电源 SPD 是否与设计文件相同；

③检查 SPD 的参数是否符合规范要求，SPD 安装的位置是否符合规范要求；

④检查 SPD 的引线线径、地线线径是否符合规范要求等。

（2）人工地网的验收

①检查人工地网是否留有测试点；

②检查人工地网场地的恢复情况；

③测试人工地网的接地电阻值是否符合设计要求等。

（3）等电位连接系统的验收

①检查等电位汇流排入地点与防直击雷引下线的入地点之间的距离是否符合设计文件要求；

②检查等电位汇流排与地网连接线的线径是否符合设计文件要求；

③检查等电位汇流排与地网的连接方式是否符合设计文件要求。

（4）综合布线的验收

①检查信号线是否采用屏蔽线，其屏蔽层是否与接地装置相连；

②检查金属线管或线槽是否与接地装置可靠连接；

③检查金属线管或线槽与防直击雷装置之间的距离是否与设计相符合等。

第四章　防雷检测实用技术

4.1　检测项目

在雷电防护装置的检测中，按照 GB/T 21431—2015 的规定，可分为以下项目：

（1）建筑物的防雷分类；

（2）接闪器；

（3）引下线；

（4）接地装置；

（5）防雷区的划分；

（6）电磁屏蔽；

（7）等电位连接；

（8）电涌保护器（SPD）。

4.2　建筑物的防雷分类

建筑物的防雷分类同 GB50057-2010 的规定。（略）

4.3　接闪器

4.3.1　接闪器用材与规格

接闪器的材料、结构和最小截面积应符合 GB 50057—2010 中表 5.2.1 的规定。

GB 50057—2010 中表 5.2.1　接闪线（带）、杆和引下线的材料、结构与最小截面积

材料	结构	最小截面积（mm²）	备注⑧
铜、镀锡铜①	单根扁铜	50	厚度2mm

材料	结构	最小截面积（mm²）	备注
铜、镀锡铜①	单根圆铜⑦	50	直径8mm
	铜绞线	50	每股线直径1.7mm
	单根圆铜③④	176	直径15mm
铝	单根扁铝	70	厚度3mm
	单根圆铝	50	直径8mm
	铝绞线	50	每股线直径1.7mm
铝合金	单根扁形导体	50	厚度2.5mm
	单根圆形导体	50	直径8mm
	绞线	50	每股线直径1.7mm
	单根圆形导体③	176	直径15mm
	外表面镀铜的单根圆形导体	50	直径8mm，径向镀铜厚至少70μm，铜纯度99.9%
热浸镀锌钢②①	单根扁钢	50	厚度2.5mm
	单根圆钢⑨	50	直径8mm
	绞线	50	每股线直径1.7mm
	单根圆钢③④	176	直径15mm
不锈钢⑤	单根扁钢⑥	50⑧	厚度2mm
	单根圆钢⑥	50⑧	直径8mm
	绞线	70	每股线直径1.7mm
	单根圆钢③④	176	直径15mm
外表面镀铜的钢	单根圆钢（直径8mm）单根扁钢（厚2.5mm）	50	镀铜厚度至少70μm，铜纯度99.9%

注：

① 热浸或电镀锡的锡厚层最小厚度为1μm；

② 镀锌层宜光滑连贯，无焊剂斑点，镀锌层圆钢至少22.7g/m²，扁钢至少32.4g/m²；

③ 仅用于接闪杆，当应用于机械应力没达到临界值之处，可采用直径10mm、最长1m的接闪杆，并增加固定；

④ 仅用于入地之处；

⑤ 不锈钢中，铬的含量等于或大于16%，镍的含量等于或大于8%，碳的含量等于或小于0.08%；

⑥ 对埋于混凝土中以及与可燃材料直接接触的不锈钢，其最小尺寸宜增大至直径10mm的78mm²（单根圆钢）和最小厚度3mm的75mm²（单根扁钢）；

⑦ 在机械强度没有重要要求之处，50mm²（直径8mm）可减为28mm²（直径6mm），并减少固定支架间的距离；

⑧ 当温升和机械受力是重点考虑之处，50mm²加大至75mm²；

⑨ 避免在单位能量10MJ/Ω下熔化的最小截面是铜为16mm²、铝为25mm²、钢为50mm²、不锈

钢为50mm²;

⑩ 截面积允许误差为 ±3%。

接闪杆采用热镀锌圆钢或钢管制成时，应符合 GB 50057—2010 中第 5.2.2 条至 5.2.12 条的要求。

以上内容均引用现行国家规范 GB 50057—2010。

4.3.2 接闪器的保护范围（引用现行国家规范 GB 50057—2010）

接闪杆、接闪线、接闪带用滚球法计算其保护范围。

接闪带、网可用网格法判定其保护范围。

排放爆炸危险气体、蒸汽或粉尘的放散管、呼吸阀、排风管等的管口外的相关空间应处于接闪器的保护范围内:当有管帽时，应按表 4.3-1 确定;当无管帽时，应为管口上方半径 5m 的半球体。接闪器与雷闪的接触点应设在上述空间之外。

表 4.3-1 有管帽的管口外处于接闪器保护范围内的空间

装置内的压力与周围空气压力的压力差(kPa)	排放物的比重	管帽以上的垂直高度(m)	距管口处的水平距离（m）
<5	重于空气	1	2
5~25	重于空气	2.5	5
≤25	轻于空气	2.5	5
>25	重于或轻于空气	5	5

第一类防雷建筑物架空避雷线至屋面和各种突出屋面的风帽、放散管等物体之间的距离，应符合 GB 50057—2010 的要求，但不应小于 3m。

4.3.3 接闪器的现场检测

（1）检测计算接闪器的保护范围（仅竣工检测和首次定期检测时需要）。

接闪杆、接闪线的保护范围:测量接闪杆、接闪线的高度、长度，建筑物的长、宽、高，然后根据建筑物防雷类别用滚球法计算其保护范围。

在确定接闪线的高度时，要考虑到弧垂的影响。在无法确定弧垂的情况下，可考虑架空避雷线中点的弧垂。当等高支柱距离小于 120m 时，弧垂取 2m；当等高支柱距离为 120~150m 时，弧垂取 3m。

接闪带、网的保护范围：检测其网格尺寸，用网格法判定其保护范围。

检查建筑物顶部突出屋面的非金属物体（如隔断墙、老虎窗、烟筒）是否处在防雷装置的保护范围之内。

（2）检测接闪器的材料和直径、宽度、厚度等规格。

（3）检查接闪器的安装位置，易遭雷击部位有无安装，如坡度<1/2的坡屋面的屋檐，四角、转角拐弯处、坡山墙及坡屋脊两端等处有无接闪器；检查避雷网的网格尺寸。

（4）检查建筑物顶部接闪器是否与建筑物顶部外露的其他金属物体连成一个整体的电气通路，且与避雷引下线电气连接；检查接闪器上有无附着的其他电气线路。

（5）检查第一类防雷建筑物的接闪器（网、线）与屋面和各种突出屋面风帽、放散管之间的距离是否符合要求。

（6）检查排放爆炸危险气体、蒸气或粉尘的放散管、呼吸阀、排风管等的管口外的相关空间是否处于接闪器的保护范围内，接闪器与雷闪的接触点是否设在此空间之外。

（7）检查接闪器的施工工艺（搭接形式、长度、焊接工艺、防腐措施、固定等）。

注：通过计算并结合规范要求，所安装的接闪杆、接闪网、接闪带有下列情况之一判定为不合格：

①接闪杆、接闪网、接闪带（高度不够、网格过大等）不能全保护，固定不牢等；

②安全距离不够；

③所有的引下线与接闪器搭接长度不符合规范要求；

④所有引下线与接闪器的焊接点无防腐、防锈措施。

4.4　引下线的检测

4.4.1　引下线用材与规格要求

引下线用材与规格要求应符合 GB 50057—2010 中表 5.2.1 的规定。

4.4.2　明敷引下线固定支架的要求

明敷引下线固定支架的间距宜不大于 GB 50057—2010 中表 5.2.6 的规定。

GB 50057—2010 中表 5.2.6　　明敷接闪导体和引下线固定支架的间距

布置方式	扁形导体和绞线固定支架的间距（mm）	单根圆形导体固定支架的间距（mm）
安装于水平面上的水平导体	500	1000
安装于垂直面上的水平导体	500	1000
安装于从地面至高20m垂直面上的垂直导体	1000	1000
安装在高于20m垂直面上的垂直导体	500	1000

4.4.3　引下线的现场检测

4.4.3.1　引下线间距与根数

第一类防雷建筑物的独立接闪杆的杆塔、架空接闪线的端部和架空接闪网的各支柱处至少设 1 根引下线。当建筑物顶部由接闪杆、接闪网或混合组成接闪器时，引下线 ≥ 2 根，其间距 ≤ 12m。

第一类防雷建筑物的金属屋面周边、现场浇制或预制构架组成的钢筋混凝土屋面，其钢筋宜绑扎或焊接成闭合回路，并应每隔 18～24m 采用引下线接地一次。

第二类防雷建筑物的引下线 ≥ 2 根，沿建筑物四周均匀或对称布置，其间距 ≤ 18m。

当仅利用建筑物四周钢柱或柱内钢筋作为引下线时，可按跨度设引下线，但其平均间距 ≤ 18m。

第三类防雷建筑物的引下线 ≥ 2 根，沿建筑物四周均匀或对称布置，其间距 ≤ 25m；周长 ≤ 25m，高度 ≤ 40m 的建筑物可只设 1 根引下线。

当仅利用建筑物四周钢柱或柱内钢筋作为引下线时，可按跨度设引下线，但其平均间距 ≤ 25m。

烟筒的引下线设置应符合 GB 50057—2010 的要求。

通信铁塔、独立针铁塔、宝塔形与套筒式钢管接闪杆除接闪器（最顶端一节）外，以下皆算引下线。建筑物的消防梯、钢柱等金属构件宜作为引下线，但其各部件之间均应连成电气通路。

4.4.3.2　测量各种材料的直径、宽度、厚度等规格

测量引下线间距，计算其平均间距。检查引下线布设是否均匀且边角、拐弯处有无设置引下线；柱筋引下线是否选定两条主筋。

检查引下线的施工工艺（搭接形式、长度、焊接工艺、防腐措施、固定等）。

检查引下线上有无附着的其他电气线路。

对于设有断接卡的明敷引下线（非单根），应断开其连接进行测试。

注：所安装的雷电流引下线有下列情况之一的，判定为不合格。

引下线的材料、规格不符合规范要求；

引下线的间距不符合规范要求；

明敷的引下线从地面至 3m 段无绝缘处理措施；

所有明敷的引下线从固定卡间距大于 1.5m。

4.5　接地装置的检测

4.5.1　接地装置用材及规格

接地体的材料、结构和最小尺寸应符合 GB 50057—2010 中表 5.4.1 的要求。

4.5.2　人工接地体埋设要求

（1）一般情况下，人工垂直接地体长度宜大于 2.5m，人工垂直接地体间的距离宜为垂直接地体长度的 2 倍。

（2）人工接地体埋设深度不应小于 0.6m。接地体应远离由于砖窑、烟道等高温影响使土壤电阻率升高的地方。

（3）防直击雷的人工接地体距建筑物出入口或人行道不应小于 3m。当小于 3m 时应采取下列措施之一：水平接地体局部深埋不应小于 1m；水平接地体局部应包绝缘物，可采用 100～200mm 厚的沥青层；采用沥青碎石地面或在接地体上面敷设 100～200mm 厚的沥青层，其宽度应超过接地体 2m。

（4）埋在土壤中的接地装置，其连接应采用焊接，并在焊接处做防腐处理。

（引用 GB 50057—2010）

4.5.3 接地装置的现场检测

（1）测量接地装置各种材料的直径、宽度、厚度等规格。

（2）检查接地装置的施工工艺（搭接形式、长度、焊接工艺、防腐措施、固定等）。

（3）检查（或通过查看跟踪检测隐蔽工程记录、竣工图）接地装置埋设深度。

（4）检查接地装置周边距离（与高温处、人行道路、不相连的接地装置及金属管道等间距）是否符合要求（仅竣工检测或首次定期检测）。

（5）测量接地电阻值。

4.5.4 接地装置检测的判定

所检测的接地装置有下列情况之一的，判定为不合格。

（1）接地装置所选用的材料、规格不符合规范要求；

（2）接地装置在隐蔽前没有通过分段验收（或不能提供图像资料）的；

（3）人工接地装置中，所有焊接点的搭接长度（特别是雷电流引下线与接地装置的连接点）不符合规范要求；

（4）人工接地装置的所有焊接点（特别是雷电流引下线与接地装置的连接点）无防腐蚀、防锈处理措施；

（5）人工接地体埋设深度不小于 0.5m；

（6）接地装置的工频接地电阻值超过规范的要求。

（引用 GB 50057—2010）

4.6 防雷电感应装置的检测

4.6.1 防雷电感应措施的技术要求

（1）第一类防雷建筑物防雷电感应的措施，应符合下列要求：

①建筑物内的设备、管道、构架、电缆金属外皮、钢屋架、钢窗等较大金属物和突出屋面的放散管、排风管等金属物，均应接到防雷电感应的接地装置上。金属屋面周边每隔 18 ~ 24 m 采用引下线接地一次。

②平行敷设的管道、构架和电缆金属外皮等长金属物，其净距小于 100mm 时应采用金属线跨接，跨接点的间距不应大于 30m；交叉净距小于 100mm 时，

其交叉处亦应跨接。

③当长金属物的弯头、阀门、法兰盘等连接处的过渡电阻大于 0.03Ω 时，连接处应用金属线跨接。对有不少于 5 根螺栓连接的法兰盘，在非腐蚀环境下，可不跨接。

④防雷电感应的接地装置应和电气设备接地装置共用，其工频接地电阻 ≤10Ω。防雷电感应的接地装置与独立接闪杆、架空避雷线或架空避雷网的接地装置之间的距离，应符合 GB 50057—2010 的要求，但不得小于 3m。

建筑物内接地干线与防雷电感应接地装置的连接，不应少于两处。

（2）第二类防雷建筑物防雷电感应的措施，应符合下列要求：

①建筑物内的设备、管道、构架等金属物，应与防直击雷接地装置或电气设备的保护接地装置相连接，可不另设接地装置。

②平行敷设的管道、构架和电缆金属外皮等长金属物，其净距小于 100mm 时应采用金属线跨接，跨接点的间距不应大于 30m；交叉净距小于 100mm 时，其交叉处亦应跨接。

③建筑物内防雷电感应的接地干线与接地装置的连接不应少于两处。

（引用 GB 50057—2010）

4.6.2 现场检测

（1）检查第一类防雷建筑物内的设备、管道、构架、均压环、钢屋架、钢窗等较大金属物和突出屋面的放散管、排风管等金属物，是否接到防雷电感应的接地装置上。如已实现连接，应进一步检查连接质量、连接导体的材料和规格以及防雷电感应的接地装置和防直击雷的接地装置之间的距离。

（2）检查 GB 50057—2010 中第 3.0.3 条第 5、6、7 款所规定的第二类防雷建筑物内的设备、管道、构架、均压环、钢屋架、钢窗等较大金属物和突出屋面的放散管、排风管等金属物，与共用接地装置的连接情况，如已实现连接，应进一步检查连接质量、连接导体的材料和规格。

（3）检查平行或交叉敷设的管道、构架和电缆金属外皮等长金属物，其净距小于规定要求值时的金属线跨接情况。如已实现跨接，应进一步检查连接质量、连接导体的材料和规格。

（4）检查第一类防雷建筑物中长金属物的弯头、阀门、法兰盘等连接处的过渡电阻，当过渡电阻大于 0.03 Ω 时，检查是否有跨接的金属线，并检查连接质量、连接导体的材料和规格。

（5）测量接地电阻值。

（引用 GB 50057—2010）

4.6.3 防雷电感应装置检测判定

有下列情况之一的，判定防雷电感应措施不合格。

（1）所有引下线中有一处与接地装置连接不符合规范要求。

（2）无均压环措施或均压环的间距不符合规范要求。

（3）第一类建筑物内的设备、管道、构架、电缆金属外皮、钢屋架、钢窗等较大金属物和突出屋面的放散管、排风管等金属物中，有一处没有接到防雷电感应的接地装置上。

（4）平行或交叉敷设的管道、构架和电缆金属外皮等长金属物，其净距小于规定要求值时的金属线跨接不符合规范要求。

（5）第一类防雷建筑物中长金属物的弯头、阀门、法兰盘等连接处的过渡电阻，过渡电阻大于 0.03 Ω。

（引用 GB 50057—2010）

4.7 防雷电波侵入措施的检测

4.7.1 防雷电波侵入措施的技术要求

4.7.1.1 第一类防雷建筑物防雷电波侵入措施，应符合下列要求

（1）低压线路宜全线采用电缆直接埋地敷设，在入户端应将电缆的金属外皮、钢管接到防雷电感应的接地装置上。当全线采用电缆有困难时，可采用钢筋混凝土杆和铁横担的架空线，并应使用一段金属铠装电缆或护套电缆穿钢管直接埋地引入，其埋地长度应符合下列表达式的要求，但不应小于 15m：

$$l \geqslant 2\sqrt{\rho}$$

式中 l ——金属铠装电缆或护套电缆穿钢管埋于地中的长度 (m)；

ρ ——埋电缆处的土壤电阻率 $(\Omega \cdot m)$。

（2）在电缆与架空线连接处，应装设浪涌保护器。浪涌保护器、电缆金属外皮、钢管和绝缘子铁脚、金具等应连在一起接地，其冲击接地电阻 ≤ 10Ω。

（3）架空金属管道，在进出建筑物处，应与防雷电感应的接地装置相连。距离建筑物 100m 内的管道，应每隔 25m 左右接地一次，其冲击接地电阻 ≤ 20Ω，并宜利用金属支架或钢筋混凝土支架的焊接、绑扎钢筋网作为引下线，其钢筋混凝土基础宜作为接地装置。

（4）埋地或地沟内的金属管道，在进出建筑物处亦应与防雷电感应的接地装置相连。

（引用 GB 50057—2010   GB/T 21431—2015）

4.7.1.2　第二类防雷建筑物防雷电波侵入措施，应符合下列要求

（1）当低压线路全长采用埋地电缆或敷设在架空金属槽内的电缆引入时，在入户端应将电缆金属外皮、金属线槽接地；对 GB 50057—2010 中第 3.0.3 条第 5、6、7 款所规定的建筑物，上述金属物质还应与防雷的接地装置相连。

（2）对 GB 50057—2010 中第 3.0.3 条第 5、6、7 款所规定的建筑物，其低压架空线应改换一段埋地金属铠装电缆或护套电缆穿钢管直接埋地引入，其埋地长度不应小于 15m。入户端的金属外皮、钢管应与防雷的接地装置相连。在电缆与架空线连接处还应装设浪涌保护器。浪涌保护器、电缆金属外皮、钢管等金属物应连在一起接地，其冲击接地电阻 ≤ 10Ω。

（3）对 GB 50057—2010 中第 3.0.3 条第 1、2、3、8、9 款所规定的建筑物，当低压架空线转换金属铠装电缆或护套电缆穿钢管直接埋地引入时，其埋地长度不应小于 15m。入户端的金属外皮、钢管应与防雷的接地装置相连。在电缆与架空线连接处还应装设浪涌保护器。浪涌保护器、电缆金属外皮、钢管等金属物应连在一起接地，其冲击接地电阻 ≤ 10Ω。

（4）当架空线直接引入时，应在入户处加装浪涌保护器并与绝缘子铁脚等

金属物连在一起接到电气设备的接地装置上。靠近建筑物的两基电杆上的绝缘子铁脚应接地，其冲击接地电阻≤30Ω。

（5）架空和直接埋地的金属管道在进出建筑物处应就近与防雷的接地装置相连；当不相连时，架空管道应接地，其冲击接地电阻不应大于10Ω。对 GB 50057—2010 中第3.0.3条第5、6、7款所规定的建筑物，引入、引出该建筑物的金属管道在进出处应与防雷的接地装置相连；对架空金属管道还应在距建筑物约25m处接地一次，其冲击接地电阻≤10Ω。

（引用 GB 50057—2010　GB/T 21431—2015）

4.7.1.3　第三类建筑物防雷电波侵入措施，应符合下列要求

（1）对电缆进出线，应在进出端将电缆的金属外皮、钢管等与电气设备接地相连。当电缆转换为架空线时，应在转换处装设浪涌保护器；浪涌保护器、电缆金属外皮和绝缘子铁脚等金属物应连接在一起接地，其冲击接地电阻≤30Ω。

（2）对低压架空进出线，应在进出处装设浪涌保护器并与绝缘子铁脚、金具连在一起接到电气设备的接地装置上。当多回路架空进出线时，可仅在母线或总配电箱处装设一组浪涌保护器或其他型号的过电压保护器，但绝缘子铁脚、金具仍应接到接地装置上。

（3）进出建筑物的架空金属管道，应在进出处就近接到防雷或电气设备的接地装置上或独自接地，其冲击接地电阻≤30Ω。

（引用 GB 50057—2010　GB/T 21431—2015）

4.7.2　防雷电波侵入措施的现场检测

4.7.2.1　检测低压配电线路防雷电波侵入措施

（1）全长采用埋地电缆或敷设在架空金属槽内的电缆引入时，检测在入户端是否将电缆金属外皮、金属线槽接地。

（2）当全线采用电缆有困难而部分埋地引入时，检测第一类和处在爆炸危险环境的第二类防雷建筑物电缆埋地的长度（注意长度有不同要求）。

（3）检测是否在电缆与架空线转换处装设浪涌保护器。

（4）检测浪涌保护器、电缆金属外皮、钢管和绝缘子铁脚等接地连接质量，连接导体的材料和规格。

（引用 GB 50057—2010　GB/T 21431—2015）

4.7.2.2　检测架空或埋地的金属管道防雷电波侵入措施

（1）第一类防雷建筑物检测架空金属管道在进出建筑物处是否与防雷电感应的接地装置相连。距离建筑物 100m 内的管道，是否每隔 25m 左右接地一次。

埋地或地沟内的金属管道，检测在进出建筑物处是否与防雷电感应的接地装置相连。

（2）第二类和第三类防雷建筑物检测架空或埋地金属管道在进出建筑物处是否就近与防雷的接地装置相连或直接接地。接地的检查和测试。

（3）第二类防雷建筑物还需检测架空金属管道是否在距建筑物约 25m 处接地一次。

（引用 GB 50057—2010　GB/T 21431—2015）

4.7.2.3　检测相关连接及接地的连接导体的材料和规格，进一步检查连接质量

测量相关接地电阻值，注意各种电阻值要求不同，具体电阻值要求详见 GB/T 21431—2015 中表 3。

4.8　等电位连接措施检测

装有防雷装置的建筑物，在防雷装置与其他设施和建筑物内人员无法隔离的情况下，应采取等电位连接。（引用 GB 50057—2010　GB/T 21431—2015）

4.8.1　等电位连接的基本要求

（1）第一类防雷建筑物的等电位连接应符合 GB 50057—2010 中第 4.2.2 条和第 4.2.3 条的要求。

（2）第二类防雷建筑物的等电位连接应符合 GB 50057—2010 中第 4.3.4 条、第 4.3.5 条第 6 款、第 4.3.6 条第 6 款、第 4.3.7 条至第 4.3.9 条的要求。

（3）第三类防雷建筑物的等电位连接应符合 GB 50057—2010 中第 4.4 条有关电位连接的要求。

（4）信息技术设备的等电位连接应符合 GB 50343—2012 中第 5.2.1 条的要求。

（5）等电位连接导线和连接到接地装置的导体的最小截面应符合 GB 50343—2012 中表 5.2.2-1 和表 5.2.2-2 的规定。

4.8.2 等电位连接措施的检测

4.8.2.1 大尺寸金属物的连接检查和测试

检查设备、管道、构架、均压环、钢骨架、钢窗、放散管、吊车、金属地板、电梯轨道、栏杆等大尺寸金属物与共用接地装置的连接情况。如已实现连接，应进一步检查连接质量、连接导体的材料和规格。（引用 GB/T 21431—2015）

4.8.2.2 平行或交叉敷设的长金属物的检查和测试

检查平行或交叉敷设的管道、构架和电缆金属外皮等长金属物，其净距小于规定要求值时的金属线跨接情况。如已实现跨接，应进一步检查连接质量、连接导体的材料和规格。（引用 GB/T 21431—2015）

4.8.2.3 长金属物的弯头、阀门等连接物的检查和测试

检查第一类防雷建筑物中长金属物的弯头、阀门、法兰盘等连接处的过渡电阻，当过渡电阻大于 $0.03\,\Omega$ 时，检查是否有跨接的金属线，并检查连接质量、连接导体的材料和规格。（引用 GB/T 21431—2015）

4.8.2.4 总等电位连接带的检查和测试

检查由 LPZ0 区到 LPZ1 区的总等电位连接状况。如已实现其与防雷接地装置的两处以上连接，应进一步检查连接质量、连接导体的材料和规格。（引用 GB/T 21431—2015）

4.8.2.5 建筑物内竖直敷设的金属管道及金属物的检查和测试

检查建筑物内竖直敷设的金属管道及金属物与建筑物内钢筋就近不少于两处的连接，如已实现连接，应进一步检查连接质量、连接导体的材料和规格。（引用 GB/T 21431—2015）

4.8.2.6 进入建筑物的外来导电物连接和检查和测试

所有进入建筑物的外来导电物均应在 LPZ0 区与 LPZ1 区界面处与总等电位

连接带连接,如已实现连接,应进一步检查连接质量、连接导体的材料和规格。(引用 GB/T 21431—2015)

4.8.2.7　穿过各后续防雷区界面处导电物连接的检查和测试

所有穿过各后续防雷区界面处导电物均应在界面处与建筑物内的钢筋或等电位连接预留板连接,如已实现连接,应进一步检查连接质量、连接导体的材料和规格。(引用 GB/T 21431—2015)

4.8.2.8　信息技术设备等电位连接的检查和测试

检查信息技术设备与建筑物共用接地系统的连接,应检查连接的基本形式,并进一步检查连接质量、连接导体的材料和规格。如采用 S 形连接,应检查信息技术设备的所有金属组件,除在接地基准点(ERP)处外,是否达到规定的绝缘要求。(引用 GB/T 21431—2015)

4.8.2.9　测试等电位连接过渡电阻值或接地电阻值要求

当管道内有易燃易爆或有毒等危险品时,过渡电阻值不应超过 $0.03\,\Omega$;其他一般性等电位连接的过渡电阻值不应超过 $0.24\,\Omega$。(引用 GB 50057—2010　GB/T 21431—2015　GB 50601—2010)

4.9　电涌保护器(SPD)检测

4.9.1　电涌保护器(SPD)的基本要求

4.9.1.1　使用的产品应符合 GB 18802.1—2011 和 GB/T 18802.21—2016 规定的参数要求,且能提供由第三方检验机构核准的产品检验合格证。

4.9.1.2　原则上 SPD 和等电位连接位置应在各防雷区的交界处,但当线路能承受预期的电涌电压时,SPD 可安装在被保护设备处。

4.9.1.3　SPD 必须能承受预期通过它们的雷电流,并具有通过电涌时的电压保护水平和有熄灭工频续流的能力。

4.9.1.4　选择电子系统中信息技术设备信号电涌保护器,UC 值一般应高于系统运行时信号线上的最高工作电压的 1.2 倍,表 4.9-1 提供了常见电子系统的参考值。

4.9.1.5　SPD 两端的引线长度不宜超过 0.5m。SPD 应安装牢固。

（引用 GB/T 21431—2015）

4.9.2　低压配电系统对 SPD 的要求（引用 GB/T 21431-2015）

4.9.2.1　当电源采用 TN 系统时，从总配电盘（箱）开始引出的配电线路和分支
线路必须采用 TN—S 系统。选择 220/380V 三相系统中的电涌保护器，
UC 值应符合表 4.9-2 的规定。

表 4.9-1　常见电子系统工作电压与 SPD 额定工作电压的对应关系参考值

序号	通信线类型	额定工作电压/V	SPD额定工作电压/V
1	DDN/X.25/帧中继	<6或40~60	18或80
2	xDSL	<6	18
3	2M数字中继	<5	6.5
4	ISDN	40	80
5	模拟电话线	<110	180
6	100M以太网	<5	6.5
7	同轴以太网	<5	6.5
8	RS232	<12	18
9	RS422/485	<5	6
10	视频线	<6	6.5
11	现场控制	<24	29

表 4.9-2　各种低压配电系统接地形式时 SPD 的最小 UC 值

电涌保护器连接于下列导体之间	低压配电系统的接地形式				
	TT系统	TN-C系统	TN-S系统	引出中性线的IT系统	不引出中性线的IT系统
每一相线与中性线	1.15Uo	不适用	1.15Uo	1.15Uo	不适用
每一相线与PE线	1.55Uo	不适用	1.15Uo	1.15U	1.15U
中性线与PE线	1.15Uo	不适用	1.15Uo	1.15Uo	不适用
每一相线与PEN线	不适用	1.15Uo	不适用	不适用	不适用

注：

　　1.Uo是指低压系的相线对中性线的标称电压，U为线间电压，U=$\sqrt{3}$ Uo。

　　2.在TT系统，SPD在RCD的负荷侧安装时，最低UC值不应小于1.55Uo，此时安装形式为L-PE和N-PE；当SPD在RCD的电源侧安装时，应采用"3+1"形式，即L-N和N-PE，UC值不应小于1.15Uo。

　　3.UC应大于UCs。

4.9.2.2　电源 SPD 的 UP 应低于被保护设备的耐冲击过电压额定值 (Uw)，一般应加上 20% 的安全裕量，即有效的电压保护水平 UP（f）低于 0.8 倍的 Uw，Uw 值可参见表 4.9-3，△U 为 SPD 两端引线上产生的电压，一般取 1kV/m（8/20μs20kA 时）。

表 4.9–3　220/380V 三相系统各种设备耐冲击过电压额定值（Uw）

设备位置	电源处的设备	配电线路和最后分支线路的设备	用电设备	特殊需要保护设备
耐冲击过电压类别	Ⅳ类	Ⅲ类	Ⅱ类	Ⅰ类
耐冲击过电压额定值（kV）	6	4	2.5	1.5

注：

　　Ⅰ类—— 需要将瞬态过电压限制到特定水平的设备,如含有电子电路的设备、计算机及含有计算机程序的用电设备；

　　Ⅱ类—— 如家用电器（不包括计算机及含有计算机程序的家用电器）、手提工具、不间断电源设备（UPS）、整流器和类似负荷；

　　Ⅲ类——如配电盘、断路器，包括电缆、母线、分线盒、开关、插座等的布线系统，以及应用于工业的设备和永久接至固定装置的固定安装的电动机等的一些其他设备；

　　Ⅳ类——如电气计量仪表、一次线交流保护设备、波纹控制设备。

4.9.2.3　当被保护设备的 Uw 与 UP（△U）的关系满足本细则第 11.8.2.2 条时，被保护设备前端可只加一级 SPD，否则应增加 SPD2 乃至 SPD3，直至满足第 11.8.2.2 条规定为止。（引用 GB/T 21431—2015）

4.9.3　电源 SPD 的布置

4.9.3.1 在 LPZOA 或 LPZOB 区与 LPZ1 区交界处，在从室外引来的线路上安装的 SPD 应选用符合 Ⅰ 级分类试验的浪涌保护器，其 Iimp 值可按 GB 50057—2010 规定的方法选取。

　　当难于计算时，可按 GB 16895.22—2004 的规定，当建筑物已安装了防直击雷装置或与其有电气连接的相邻建筑物安装了防直击雷装置时，每一相线和中性线对 PE 之间 SPD 的冲击电流 Iimp 值不应小于 12.5kA；采用 "3+1" 形式时，中性线与 PE 线间不宜小于 50kA（10/350μs）。

对多级 SPD，总放电电流 I 不宜小于 50kA（10/350μs）。当进线完全在 LPZOB 或雷击建筑物和雷击与建筑物连接的电力线或通信线上的失效风险可以忽略时，采用 In 测试的 SPD（Ⅱ类试验的 SPD）。

注：当雷击类型为 S3 型时，架空线使用金属材料杆（含钢筋混凝土杆）并采取接地措施时和雷击类型为 S4 型时，SPD1 可选用Ⅱ级和Ⅲ级分类试验的产品，In 不应小于 5kA。

4.9.3.2 在 LPZ1 区与 LPZ2 区交界处，分配电盘处或 UPS 前端宜安装第二级 SPD，其标称放电电流 In 值不宜小于 5kA（8/20μs）。

4.9.3.3 在重要的终端设备或精密敏感设备处，宜安装第三级 SPD，其标称放电电流 In 值不宜小于 3kA（8/20μs）。

注：无论是安装一级或二级，乃至三级、四级 SPD，均应符合 GB 50343—2012 中表 5.4.3-3 的规定。

4.9.3.4 当在线路上多处安装 SPD 时，SPD 之间的线路长度应按试验数据采用；若无此试验数据时，电压开关型 SPD 与限压型 SPD 之间的线路长度不宜小于 10m，若小于 10m 应加装退耦元件。限压型 SPD 之间的线路长度不宜小于 5m，若小于 5m 应加装退耦元件。

4.9.3.5 安装在电路上的 SPD，其前端应有后备保护装置过电流保护器。如使用熔断器，其值应与主电路上的熔丝电流值相配合。即应当根据电涌保护器（SPD）产品手册中推荐的过电流保护器的最大额定值选择。如果额定值大于或等于主电路中的过电流保护器，则可省去。

4.9.3.6 SPD 如有通过声、光报警或遥信功能的状态指示器，应检查 SPD 的运行状态和指示器功能。

4.9.3.7 连接导体应符合相线采用黄、绿、红色，中性线采用浅蓝色，保护线用绿/黄双色线的要求。

（引用 GB/T 21431—2015）

4.9.4 电信和信号网络 SPD 的布置

4.9.4.1 连接于电信和信号网络的 SPD 其电压保护水平 UP 和通过的电流 Ip 应低于被保护的信息技术设备（ITE）的耐受水平。

4.9.4.2 在 LPZOA 区或 LPZOB 区与 LPZ1 区交界处应选用 Iimp 值为 0.5～2.5kA（10/350μs 或 10/250μs）的 SPD 或 4kV（10/700μs）的 SPD；在 LPZ1 区与 LPZ2 区交界处应选用 Uoc 值为 0.5～10kV（1.2/50μs）的 SPD 或 0.25～5kA（8/20μs）的 SPD。

4.9.4.3 网络入口处通信系统的 SPD，还应满足系统传输特性，如比特差错率（BER）、带宽、频率、允许的最大衰减和阻抗等。对用户的 IT 系统，应满足 BER、近端交扰（NEXT）、允许的最大衰减和阻抗等。对有线电视系统，应满足带宽、回波损耗、450Hz 时允许最大衰减和阻抗等特性参数。

（引用 GB/T 21431—2015）

4.9.5 SPD 的检查和测试

4.9.5.1 用 N-PE 环路电阻测试仪

测试从总配电盘（箱）引出的分支线路上的中性线 (N) 与保护线（PE）之间的阻值，确认线路为 TN-C 或 TN-C-S 或 TN-S 或 TT 或 IT 系统。

4.9.5.2 SPD 的检查

（1）检查并记录各级 SPD 的安装位置、安装数量、型号、主要性能参数（如等）和安装工艺（连接导体的材质和导线截面、连接导线的色标、连接牢固程度）。

（2）对 SPD 进行外观检查：SPD 的表面是否平整、光洁，无划伤、无裂痕和烧灼痕或变形。SPD 的标识是否完整和清晰。

（3）检测多级 SPD 之间的距离和 SPD 两端引线的长度，是否符合本细则第 4.9.1.5 条和第 4.9.3.4 条的要求。

（4）检查 SPD 是否具有状态指示器。如有，则需确认状态指示是否与生产厂家说明相一致。

（5）检查安装在电路上的 SPD 限压元件前端是否有脱离器。如 SPD 无内置脱离器，则检查是否有过电流保护器，检查安装的过电流保护器是否符合本细则第 4.9.3.5 条的要求。

（6）检测安装在配电系统中的 SPD 的 UC 值是否符合规范要求。

（7）检查安装的电信、信号 SPD 的 UC 值是否符合规范要求。

（8）检查 SPD 安装工艺和接地线与等电位连接带之间的过渡电阻，是否不大于 0.24Ω。

4.9.5.3　电源 SPD 有关特性参数的测试

SPD 运行期间，可能会因长时间工作或处在恶劣环境中而老化，也可能因受雷击电涌而引起性能下降、失效等故障。因此，需定期进行特性参数的测试。如测试结果表明 SPD 劣化或状态指示指出 SPD 失效，应及时更换。

（1）泄漏电流 Iie 的测试。

除电压开关型外，SPD 在并联接入电网后都会有微安级的电流通过，如果此值偏大，说明 SPD 性能劣化，应及时更换。可使用防雷元件测试仪或泄漏电流测试表对限压型 SPD 的 Iie 值进行静态试验。规定在 0.75U1mA 下测试。

应取下 SPD 的可插拔模块或将线路上两端连线拆除，多组 SPD 应按图 4.9-1 所示连接逐一进行测试。测试仪器使用方法见仪器使用说明书。

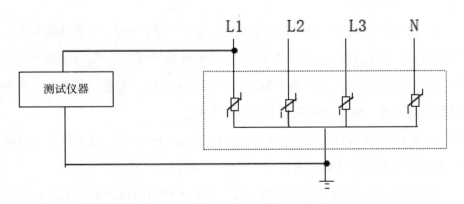

图 4.9-1　多组 SPD 逐一测试示意

合格判定：当实测值大于生产厂标称的最大值时，判定为不合格，如生产厂未标定出 Iie 值，一般不应大于 20μA。

（2）直流参考电压（U1mA）的测试。

本试验仪适用于以金属氧化物压敏电阻（MOV）为限压元件且无其他并联元件的 SPD。主要测量在 MOV 通过 1mA 直流电流时，其两端的电压值。

将 SPD 的可插拔模块取下测试，按测试仪器说明书连接进行测试。如 SPD 为一件多组并联，应用图 4.9-1 所示方法测试，SPD 上有其他并联元件时，测试时不对其接通。

将测试仪器的输出电压值按仪器使用说明及试品的标称值选定，并逐渐提高，直至测到通过 1mA 直流时的压敏电压。

对内部带有滤波或限流元件的 SPD，应不带滤波器或限流元件进行测试。

注：带滤波或限流元件的 SPD 的测试方法在研究中。

合格判定：当 U1mA 值不低于交流电路中 U0 值 1.86 倍时，在直流电路中为直流电压 1.33 ～ 1.6 倍时，在脉冲电路中为脉冲初始峰值电压 1.4 ～ 2.0 倍时，可判定为合格。也可与生产厂提供的允许公差范围表对比判定。

（引用 GB/T 21431—2015）

4.10 防侧击雷措施检测

4.10.1 侧击雷防护措施技术要求

凡按一、二、三类防雷各自要求或特殊要求设计的高层建筑物，从 30m、45m、60m 开始（若建筑设计有较高要求则从设计起始高度开始），应采取防侧击雷和等电位的保护措施，外墙上的栏杆、门窗等较大金属物与防雷装置连接。（引用 GB/T 21431—2015）

4.10.2 侧击雷防护措施现场检测

用测试仪器测较大金属物（如钢窗等）的接地电阻值或与防雷装置的过渡电阻值。（引用 GB/T 21431—2015）

所测接地电阻值或过渡电阻值大于规范标准要求，判为不合格。

4.11 设备设施保护接地检测

4.11.1 设备设施保护接地技术要求

各重要行业的电力、电子设施、设备安全保护接地要求，根据相应技术规范或施工设计确定。

4.11.2 设备设施安全保护接地现场检测

检测接地装置、连接导线材料规格，等电位连接导线的最小截面应符合规范要求，检查施工工艺，测试接地电阻。（引用 GB/T 21431—2015）

4.12 易燃易爆危化品场所防静电接地检测

易燃易爆危化品场所系指生产、使用、贮存、装卸、运输（GB6944、GB13690）所规定的易燃易爆危化品的场所（车间、厂房、仓库、装卸站台等），或符合 GBJ16 中各甲、乙类火灾危险性场所。如石油设施（油库）、加油加气站、燃气（管道）站、乙炔站、氧气站、烟花爆竹存放点等。（引用 GB/T 21431—2015）

4.12.1 易燃易爆危化品场所防静电接地技术要求

（1）建（构）筑物的金属构件，均应作电气连接并采取静电接地措施，所有金属装置、设备、管道、贮罐等都必须接地。不允许有与地相绝缘的金属设备或金属零部件，亚导体或非导体应作间接接地，或采用静电屏蔽方法，屏蔽体必须可靠接地。（引用 GB 50057—2010　GB 50074—2014）

（2）管道可在管道分岔处、无分支管道每 80～100mm 处以及进出车间建筑物及有关装置或设施处、爆炸危险场所的边界、管道泵及其过滤器、缓冲器等部位，设置静电接地；直接埋地管道，可在埋地之前及出地后各接地一次，车间内部管道，可与本车间的静电干线相连接。

（3）直径大于 2.5m 或容积大于 50m³ 的大型金属装置应有两处以上的接地点，接地点距离 ≤ 30m。

（4）可燃液体储罐的温度、液位等测量装置，应采用铠装电缆或钢管配线，电缆外皮或配线钢管与罐体应作电气连接。（引用 GB 50057—2010）

（5）金属设备与设备之间、管道与管道之间，如用金属法兰连接，当有 5 个以上的螺栓连接时，可不另接跨接线。但当每对法兰或螺纹接头间电阻值超过 0.03Ω 时，应设跨接导线。（引用 GB 50057—2010）

（6）应在汽车（槽）罐车和槽船的装卸场所、码头设置汽车（槽）罐车和槽船的装卸专用防静电接地装置。

（7）不宜采用非金属管输送易燃液体。如必须使用，应采用可导电的管子或内设金属丝、网的管子，并将金属丝、网的一端可靠接地或采用静电屏蔽。装卸液化石油气用的胶管两端应采用截面积不小于 $6mm^2$ 的铜线跨接。（引用《防止静电事故通用导则》GB 12158—2006）

（8）各生产装置系统（或装置单元）的总泄漏电阻都应在 $1 \times 106\Omega$ 以下，各专设的静电接地体的接地电阻不应大于100Ω。乙炔设备、乙炔管、乙炔汇流排，积聚液氧、液空的各类设备，氧气管道应有导除静电的接地装置，接地电阻不应大于10Ω。（引用《防止静电事故通用导则》GB 12158—2006）

（9）除第一类防雷建（构）筑物的独立接闪杆装置的接地体外，其他用途的接地体，均可用于静电接地。当防雷接地、电气设备保护接地、静电接地共用同一接地装置时，接地电阻按其中最小值确定。防静电接地线不得利用电源零线，不得与防直击雷接地线共用。

（10）易燃易爆、危化品场所防静电接地除应符合本条各项要求外，还应符合相关技术规范及施工设计要求。（引用《防止静电事故通用导则》GB 12158—2006）

4.12.2　易燃易爆、危化品场所防静电接地的检测

（1）检测应作电气连接并接地的各金属构件和所有金属装置、设备、管道、贮罐等有无连接并接地。

（2）检测连接材料规格、施工工艺。

（3）检测静电接地点和跨接点是否牢固好用。

（4）测量各接地电阻。

4.12.3　其他静电导除措施

（1）可燃性粉尘和纤维在生产过程中的防静电措施，应按 GB 12158—2006 的要求执行。

（2）在设备内正在进行灌装、搅拌或循环过程中，禁止检尺、取样、测温等现场操作。

（3）在爆炸危险区范围内的转动设备若必须使用皮带传动，应采用防静电皮带。

（4）重点防火防爆场所的入门处，应设人体导除静电装置。

（5）非导体，如橡胶、胶片、塑料薄膜、纸张等在生产过程中所产生的静电，应采取静电消除器消除。

（6）如生产工艺条件许可，增加室内空气中的相对湿度至 50% 以上。（引用 GB 12158—2006）

（7）可采取惰性气体保护。

4.13　电子信息系统防雷防静电检测

4.13.1　检测项目

（1）机房所在建筑物的防直击雷措施。包括建筑物防雷类别、接闪器、引下线、接地装置。（引用 GB/T 21431—2015）

（2）机房等电位连接措施。包括等电位连接网络类型，不带电的设备金属外壳与等电位连接网络连接情况，机房金属门、窗与等电位连接网络之间的过渡电阻值，设备等电位连接带的材料、规格，屏蔽线槽断接处的等电位连接状况。（引用 GB/T 21431—2015）

（3）机房屏蔽措施。包括屏蔽方式、电缆的屏蔽情况或光缆的接地情况，机房对附近雷击的屏蔽。

（4）机房接地状况：包括接地方式（独立接地或共用接地，一般应共用接地）、接地电阻值。预留接地端子的材料、规格及防腐措施。（引用 GB 50057—2010）

（5）电子信息系统（机房）的设备接地情况：设备接地电阻值、机房电气预留端子的接地电阻。

（6）防静电接地阻值。

（7）零地电位差和干扰电位。

（8）配电线路入室形式和配电方式。

（9）电子信息系统的防雷分级。

（10）电源电涌保护器。

（11）信号电涌保护器。

（12）综合布线：以合适的路径敷设线路、线路屏蔽、综合布线情况，环路雷电感应电压（电流）。

4.13.2　技术要求

（1）电子信息系统（机房）及其所在建筑物的防雷措施应符合规范要求。

（2）防静电接地阻值按机房共用接地中的最小值确定。

（3）零地电位差和干扰电位：UNPE 要求 <2V 或满足设备出厂说明要求；U 干扰要求≤ 2V 或满足设备出厂说明要求。

4.13.3　现场检测

（1）防雷措施（外部防雷装置）的检测方法按照本细则第十一章的相关要求执行。

（2）机房等电位连接措施：检查等电位连接网络类型（S 型或 M 型）；测试不带电的设备金属外壳与等电位连接网络之间的过渡电阻值；测试机房金属门、窗与等电位连接网络之间的过渡电阻值；明确设备等电位连接带的材料、规格与截面积；检查屏蔽线槽断接处的等电位连接状况。（引用 GB/T 21431—2015）

（3）机房屏蔽措施。明确屏蔽方式、检查电缆的屏蔽情况或光缆的接地情况。检查 LPZ1 区屏蔽体的材料、规格；通过计算得出机房的屏蔽系数；测量机房设备与屏蔽顶的最短距离；测量机房设备与屏蔽壁的最短距离；测量或计算屏蔽体网格的宽度；分别计算附近雷击和直接雷击的情况下 LPZ1 区的安全距离和 LPZ1 区内的磁场强度。（引用 GB/T 21431—2015）

（4）机房接地设置状况：明确接地方式（独立接地或共用接地）、测试接地电阻值。

（5）电子信息系统（机房）的设备接地情况：测试设备的接地电阻值、材料规格和防腐措施等。

（6）静电接地电阻的测试。用接地电阻测试仪对机房内的静电接地设施的接地电阻值进行测试。

（7）零地电位差和干扰电位：零地电位差用万用表或专用设备在配电箱处进行测试；干扰电位用接地电阻测试仪的干扰电压挡位对接地干线进行电压测试。

（8）配电线路入室形式和配电方式：明确电源线路的入室形式（埋地或架空）；判定配电方式（TN-C-S、TT、TN-S 或其他）。

（9）电子信息系统的防雷分级：按规定划分为 A 级、B 级、C 级或 D 级。

（10）电源电涌保护器：记录 SPD 的安装位置、标称放电电流值、连接导线规格与长度，测试 SPD 接地电阻值、漏电流和启动电压等，检查 SPD 状态。（引用 GB/T 21431—2015）

（11）信号电涌保护器：记录 SPD 的安装位置、连接导线规格与长度，测试 SPD 接地电阻值、漏电流和启动电压等。（引用 GB/T 21431—2015）

（12）综合布线：测量综合布线电缆与电力电缆的最小距离；测量综合布线电缆与其他管线的最小距离；明确综合布线系统总配线间四置距离。测量综合布线环路长度、宽度；计算邻近雷击无屏蔽线路最大感应电压；明确环路至屏蔽顶距离和环路至屏蔽墙距离；计算直接雷击环路开路最大感应电压值。（引用 GB/T 21431—2015）

4.14 防雷装置检测原始记录

4.14.1 防雷装置检测原始记录内容、种类和样式

（1）检测原始记录的内容应包括所有应检项目的内容，使未参加检测的人员能从记录上查到编制检测报告所需的全部信息并能据此判断受检建（构）筑物的防雷（防静电）装置的安全性能。同时要求能复原此检测。

（2）防雷装置检测原始记录根据检测类别和目的可分为定期检测原始记录、竣工检测原始记录及施工跟踪检测隐蔽工程原始记录，因竣工检测可视同首次定期检测，故定期检测原始记录和竣工检测原始记录可合用。

4.14.2　检测原始记录的填写要求

（1）原始记录应由检测人员在检测作业中如实填写，应采用钢笔或签字笔，禁止采用铅笔或圆珠笔，字迹清晰，内容完整，空白栏一律填"—"。原始记录不得随意更改和增减。当发生个别确需更改内容时，在涂改处加盖检测员的专用章或公章。

（2）检测原始记录中"无此项目"和"未安装"及"无法检测"的定义及结论填写。

①"无此项目"：根据 GB 50057—2010 及其他相关规范标准的规定和本次检测对象（或称建设工程）的防雷施工设计，本次检测对象的防雷施工设计未设计（未考虑）某项防雷装置或措施时，则确定为"本次检测对象无此项目"；在"检测标准"栏填"—"，在"实测结果"栏填"无此项目，无须检测"，在"结论"栏填"—"。

②"未安装"：根据 GB 50057—2010 及其他相关规范标准的规定和本次检测对象（或称建设工程）的防雷施工设计，需要安装（采取）某项防雷装置或措施时，而未安装（采取）该装置或措施时，则确定本次检测对象有此项目，在"检测标准"栏填相应标准或填"见 ××× 规范"，在"实测结果"栏填"未安装"，在"结论"栏填"不合格"。

③"无法检测"：根据 GB 50057—2010 及其他相关规范标准的规定和本次检测对象（或称建设工程）的防雷施工设计，需要安装（采取）某项防雷装置、措施时，但因隐蔽工程未经跟踪检测又无相关监理记录可查而无法确定是否安装（采取）该项防雷装置、措施或虽能确定安装（采取）该项防雷装置、措施，但因无法攀登及其他客观原因无法检测或检测能力不能满足时，在"检测标准"栏填相应标准或填"见 ××× 规范"，在"实测结果"栏填"无法检测"，在"结论"栏填"—"。

（3）实测结果的填写。实测结果包括测量结果、检查结果、导出结果。

"材料规格""根数""间距""环间距离"以及所有接地电阻、过渡电阻测试值等测量结果，填具体数据。

"类型""防腐措施""接地体形式""防静电措施""防雷电感应措施""防雷电波侵入措施"等检查结果和"连接形式和质量""保护范围"等检查、测试后的导出结果，可用文字具体描述或定性表述为"符合要求"或"不符合要求"；但定性表述为"不符合要求"时需通过存在问题通知书明确指出不符合之处。

4.14.3 测点平面示意图

（1）平面示意图要以"上北下南、左西右东"的原侧，平面示意图的正上方以北为主；平面示意图所画建筑物的平面形状、凹凸、朝向应与实际相符，长宽比例基本符合；天面或地面上所标示的构筑物、设施的方位与实际相符（以建筑物为参照）。

（2）检测点平面示意图应标明所有测量点的位置，并进行编号，且与数据记录序号一一对应。

（3）不同层面的测点可根据需要按层制作检测点平面示意图。如某层未制作测点平面示意图，则该层的测点如室内设备、配电接地等可在"检测点编号（位置）"栏中说明，如"20#（3单元配电）"、"41#（301卫浴）"。

（4）加油站、液化气站的站房不论有无防雷设施，均需在地面检测点平面示意图上画出，以作为参照物，对于罐体检测点需说明"地埋罐""露天罐"。

附　录

附录1：现场勘察记录

_____防雷工程现场勘察记录表

日期：　　　　　　　　　　　　　　　　项目编号：

单位名称		项目名称	
经纬度		项目地址	
联系人		电　话	
基本情况	建筑物情况（包括防直击雷装置）：		
	配电系统防雷设施情况：		
	其他防雷设施情况（包括等电位连接、防静电）：		
	历史雷击情况：		
存在的问题			
预期目的			
备注			

附录2：施工组织方案

<h2 style="text-align:center">_____防雷改造单项工程施工组织方案</h2>

一、工程概况

（详见工程设计方案或设计文件）

二、施工范围或任务

（详见工程设计方案或设计文件中的"工程设计范围"）

三、施工部署

（一）施工部署及准备工作

1. 工程的施工原则。

2. 工程技术管理人员：设工程项目负责人____名，负责部门之间的协调、施工队伍的调遣；设施工现场负责人____名，负责施工现场的管理、技术指导和签证。

3. 做好技术交底。

4. 材料、工具准备：按设计要求提前准备工程所需的材料、设备和工具等。

（二）施工组织现场建制图

这里是指本工程现场施工人员的组织架构图。按要求建立组织架构图。

四、施工工序

说明施工顺序，比如：第一步做什么、第二步做什么、第三步做什么……

五、施工规范

（一）接闪器、引下线、人工地网的施工

接闪器、引下线、人工地网的安装必须按照设计方案（或设计文件）的规定进行施工。

（二）新增设备的安装施工

新增设备主要是指浪涌保护器，包括电源浪涌保护器和信号浪涌保护器等，安装浪涌保护器时必须按照设计方案（或设计文件）的要求施工，包括连接浪涌保护器的引线长度、截面积等，特别是地线的长度应 ≤ 50cm。

（三）等电位连接与综合布线

等电位连接端子板、等电位连接线均要严格按照设计方案（或设计文件）的规定进行安装，等电位连接线与其他线路敷设距离要符合 GB 50343—2012 规定的要求。

六、主要工程量

_____防雷工程主要工程量表

序号	安装的设备名称	单位	数量	备注

七、施工进度计划

施工进度计划表

日期	单项工程名称	计划开工日期	计划竣工日期	备注

八、施工工具及仪表清单

施工工具及仪表清单

编号	种类	工具名称	单位	数量

九、质量保证和安全文明措施

（一）质量管理

（二）安全措施

（三）文明措施

十、交工验收

交工验收的顺序：自查—递交工程技术资料—分项交工验收（逐项验收）—完成竣工验收程序。

附录 3：开工报告

工程开工报告

合同编号：

建设单位		建设单位地址	
工程名称		设计单位	
施工单位		监理单位	

施工负责人		电话		监理负责人		电话	

主要工作内容描述：

计划开、竣工时间

　　　　计划开工时间：

　　　　计划竣工时间：

工程项目地址：

施工单位	建设单位意见	
		————————— 总监理工程师 ————————— 开工日期
（盖章）	（盖章）	

本表一式四份，建设单位、设计单位、监理单位、施工单位各一份

附录 4：防雷单项改造工程隐蔽工程随工记录

隐蔽工程随工记录表

工程名称：　　　　　　　　合同号：　　　　　　　　施工单位：

地点部位			日期	
项目	内容	指标	自查情况	实际情况
监理意见				
存在的问题及处理意见				
处理后复查情况				
施工单位现场负责人：＿＿＿＿＿＿＿			监理工程师：＿＿＿＿＿＿＿	

本表一式两份，监理单位、施工单位各一份。

附录5：防雷检测原始记录（引用《防雷装置定期检测报告编制规范》QX/T 232—2014）

建筑物雷电防护装置检测原始记录表

档案编号：   第 页 共 页

项目名称			
项目地址			
委托单位			
委托单位地址			
联系人		联系电话	
经　　度		纬　　度	
检测依据			
附近雷电活动情况			
单体名称			
检测日期		天气情况	
检测设备			
单体基本情况	长（m）		
	宽（m）		
	高（m）		
	使用性质		
	年预计雷击次数N（次/a）		
防雷分类			

建筑物雷电防护装置检测原始记录表（一）

检测项目1：接闪器1		
检测、检查项目	检测、检查结果	备注
接闪器类型/高度（m）		
保护对象/高度（m）		
布设位置		
材料规格		
敷设方式		
锈蚀情况		
网格宽度（m）		
支架间距/高度（mm）		
安装工艺		
保护效果		

检测项目1：接闪器2		
检测、检查项目	检测、检查结果	备注
接闪器类型/高度（m）		
保护对象/高度（m）		
布设位置		
材料规格		
敷设方式		
锈蚀情况		
网格宽度（m）		
支架间距/高度（mm）		
安装工艺		
保护效果		

建筑物雷电防护装置检测原始记录表（二）

构件、设备、管线名称	过渡电阻或接地电阻（Ω）		连接材料及规格		备注
	标准/要点	检测结果	标准/要点	检测结果	
	与雷电防护装置电气连接，过渡电阻≤0.2Ω；固定的线槽（盒）、桥架、金属管电气连接处过渡电阻≤0.24Ω；金属管道等长金属体始末端之间电阻≤3Ω		Fe或Cu,截面积≥50mm²		

检测项目2：屋顶金属构件、设备、管线等电位

注：屋顶需要等电位检测的设施包含但不限于：金属支架（广告牌、扶梯、护栏、线槽、线盒、配线架、桥架、彩钢瓦棚）、玻璃幕墙、金属水管、电缆铠装金属管、金属水箱、冷却塔、卫星接收天线、太阳能电池组件、太阳能热水器、电气设备金属外壳（如配电箱、配电箱柜、控制柜、水泵、风机、中央空调）

建筑物雷电防护装置检测原始记录表（三）

检测项目 3：引下线			
检测、检查项目	标准/要点	检测、检查结果	备注
敷设方式	利用建筑物内主钢筋或其他金属构件/暗敷/明敷		
布设情况	专设引下线沿建筑物四周或内庭院均匀对称布设		
数量（根）	建筑物至少2根		
间距（m）	第二类平均间距≤18m		
第三类平均间距≤25m			
材料规格	明敷：圆钢直径≥8mm，扁钢截面积≥50mm²且厚度≥2.5mm		
暗敷：圆钢直径≥10mm，扁钢截面积≥80mm²且厚度≥2.5mm			
断接卡（测试板）	GB 50057—2010第5.3.6条		
支架间距/高度（mm）	明敷：扁钢间距≤500mm且高度≥150mm，圆钢间距≤1000mm且高度≥150mm		
防接触电压措施	GB 50057—2010第4.5.6条第1款		

检测项目 4：防侧击雷装置			
门窗、幕墙、装饰板、护栏及其他凸出金属物名称	过渡电阻或接地电阻（Ω）		备注
	标准/要点	检测结果	
	第二、第三类分别从45m、60m起，与雷电防护装置保持电气导通，过渡电阻≤0.2Ω		

建筑物雷电防护装置检测原始记录表（四）

检测项目5：接地装置			
检测、检查项目	标准/要点	检测、检查结果	备注
	自然接地/人工接地/混合接地		
	共用接地		
	当相邻建筑物之间有电力或通信电缆连通时，宜将接地装置互相连接，连接的接地装置之间电阻≤1Ω		
	应按50Hz电气装置的接地电阻确定且不应大于按人身安全所确定的接地电阻值		
	GB 50057—2010 第4.5.6条第2款		

检测项目6：室内设备、管线与防雷装置等电位连接				
名称	过渡电阻或接地电阻（Ω）		连接材料及规格	
	标准/要点	检测结果	标准/要点	检测结果
	与雷电防护装置电气连接，过渡电阻≤0.2Ω；固定的线槽(盒)、桥架、金属管电气连接处过渡电阻≤0.24Ω；金属管道等长金属体始末端之间电阻≤3Ω		铜截面积≥6 mm^2 铝截面积≥10 mm^2 铁截面积≥16 mm^2	

注：室内需要等电位检测的设施包含但不限于：配电箱（柜）、控制柜、配线架、桥架、线槽(盒)、电梯轨道（轿厢）、金属支架、金属水管、电缆铠装金属管、电缆屏蔽层、金属水箱、柴油发电机组、光纤加强金属芯线、金属挡板、金属台面、静电地板、屏蔽网、电气设备金属外壳（如交换机、调压/稳压器、UPS电源、计算机主机、水泵、风机）等

建筑物雷电防护装置检测原始记录表（五）

检测项目 7：电源线路 SPD						
编号	1	2	3	4	5	6
级别						
安装位置						
产品型号						
安装数量						
UC（V）						
电流In/Iimp（kA）						
UP（kV）						
Iie（μA）						
U1mA（V）						
连线长度(m)						
连线材料规格（mm²）						
过渡电阻(Ω)						
状态指示器						
过电流保护						
标准/要点	1.UC取值符合GB 50057—2010附录J中表J.1.1； 2.Iimp≥12.5 kA，Ⅱ级试验SPD In≥5kA，Ⅲ级试验SPD In≥3kA； 3.UP≤2.5kV，且UP<UW（设备耐冲击电压额定值），并留有20%裕量； 4.Iie≤20μA，交流SPD中U1mA/UC≥1.5，直流SPD中U1mA/UC≥1.15； 5.连线两端长度之和不大于0.5m； 6.连线材料规格要求：Ⅰ级试验产品铜≥6mm²，Ⅱ级试验产品铜≥2.5mm²，Ⅲ级试验产品铜≥1.5mm²； 7.连接导线的过渡电阻≤0.2Ω； 8.过电流保护要求：SPD前端安装空气开关、熔断器等过电流保护器或在前端集成SCB。					
备注						

建筑物雷电防护装置检测原始记录表（六）

接地电阻（或过渡电阻）测试表			
测点编号	对象名称及位置描述	测试值（Ω）	备注

建筑物雷电防护装置检测原始记录表

接闪器布置及保护范围图

附录6：主要引用标准和参考文献

1. 主要引用标准

序号	标准名称	标准号
1	建筑物防雷设计规范	GB 50057—2010
2	建筑物电子信息系统防雷技术规范	GB 50343—2012
3	建筑物防雷装置检测技术规范	GB/T 21431—2015
4	建筑物防雷工程施工与质量验收规范	GB 50601—2010
5	农村民居雷电防护工程技术规范	GB 50952—2013
6	通信局（站）防雷与接地工程设计规范	GB 50689—2011
7	爆炸危险环境电力装置设计规范	GB 50058—2014
8	烟花爆竹工程设计安全规范	GB 50161—2009
9	电气装置安装工程接地装置施工及验收规范	GB 50169—2016
10	建筑电气工程施工质量验收规范	GB 50303—2015
11	电子计算机房设计规范	GB 50174—2017
12	民用闭路监视电视系统工程技术规范	GB 50198—2011
13	有线电视系统工程设计标准	GB 50200—2018
14	民用爆破器材工程设计安全规范	GB 50089—2007
15	石油天然气工程设计防火规范	GB 50183—2004
16	地下及覆土火药炸药仓库设计安全规范	GB 50154—2009
17	城镇燃气设计规范	GB 50028—2006（2020修订版）
18	防止静电事故通用导则	GB 12158—2006
19	石油与石油设施雷电安全规范	GB 15599—2009
20	氢气站设计规范	GB 50177—2005
21	乙炔站设计规范	GB 50031—91
22	石油库设计规范	GB 50074—2014
23	电气装置安装工程、爆炸和火灾危险环境电气装置施工及验收	GB/T 50257—2014
24	汽车加油加气加氢站技术标准	GB 50156—2021
25	输油管道工程设计规范	GB 50253—2014
26	民用建筑物电气设计规范	JGJ 16—2008
27	电子计算机场地通用规范	GB/T 2887—2011
28	建筑物电气装置 第5-54部分：电气设备的选择和安装、接地配置、保护导体和保护联结导体	GB/T 16895.3—2017/IEC 60364—5

续表

序号	标准名称	标准号
29	建筑物电气装置 第5部分：电气设备的选择和安装 第53章：开关设备和控制设备	ＧＢ/Ｔ １６８９５.４—２０２Ｘ/ＩＥＣ ６０３６４—５
30	建筑物电气装置 第4部分：安全防护 第43章：过电流保护	ＧＢ/Ｔ １６８９５.５—２０１２/ＩＥＣ ６０３６４—４
31	建筑物电气装置 第7部分：特殊装置或场地的要求 第707节：数据处理设备用电气装置的接地要求	ＧＢ/Ｔ １６８９５.９—２０００/ＩＥＣ ６０３６４—７
32	建筑物电气装置 第4部分：安全防护 第44章：过电压保护	ＧＢ/Ｔ １６８９５.１２—２００１/ＩＥＣ ６０３６４—４ ＧＢ/Ｔ １６８９５.１６—２００２/ＩＥＣ ６０３６４—４
33	电能质量 暂时过电压和瞬态过电压	GB/T 18481—2001
34	低压配电系统的（SPD）电涌保护器 第1部分：性能要求和试验方法	ＧＢ/Ｔ １８８０２.１—２０１１/ＩＥＣ ６１６４３—１
35	低压电涌保护器 第21部分 电信和信号网络的电涌保护器（SPD）性能要求和试验方法	ＧＢ/Ｔ １８８０２.２１—２０１６/ＩＥＣ ６１６４３—２１
36	雷电电磁脉冲的防护 第1部分：通则	GB/T 19271.1—2003
37	系统接地的形式及安全技术要求	GB 14050—2016
38	国际电信联盟ITU-T相关建议及标准 k.27　Bonding Configurations and Earthing inside a Telecommunication Building. k.31　Bonding Configurations and Earthing of Telecommunication Installation inside a Subscriber's Building. k.41 电信中心内部通信设备接口抗雷击能力	
39	国际电工委员会（IEC）有关标准系列： IEC1024　Protection of Structures against Lightning IEC1312　Protection against LEMP IEC 61643接至低压电力配电系统的浪涌保护器 IEC 61644接至电信网络的信号接口保护器	

2. 参考文献

［1］陈渭民 . 雷电学原理 [M]. 北京：气象出版社，2006.

［2］崔政斌，等 . 电力企业安全技术操作规程 [M]. 北京：化学工业出版社，2012.

［3］崔政斌，等 . 电力企业安全操作规程 [M]. 北京：化学工业出版社，2012.

［4］苏邦礼，等 . 雷电与避雷工程 [M]. 广州：中山大学出版社，1996.

［5］杨东林. 气象观测站的雷电风险评估探析 [J]. 广东科技，2013.

［6］雷电防护解决方案. https://max.book118.com/html/2018/0218/ 153650449.s

［7］刘雅婷. 计算机网络系统集成设计与施工过程研究 [J]. 网友世界，2014.

［8］刘晓岩. 设置消防设备电源监控系统的必要性 [J]. 铁道勘察，2014.

［9］http://www.e-lord.net/news-detail-442688.html.

［10］http://max.book118.com/html/2016/0929/56332862.sh.

［11］http://www.docin.com/p-23807273.html.

［12］http://m.doc.docsou.com/b3c3a9cf9e3e920c3406c669f.

附录7：爆炸火灾危化环境的防雷分类

规范性目录（引用 GB/T 21431—2015）

爆炸危险环境分区

附表 7-1　爆炸危险环境分区的定义和示例

0区	定义	0区应为连续出现或长期出现爆炸性气体混合物的环境
	示例	石油库：储存易燃油品的地上固定顶油罐内未充惰性气体的油品表面以上空间；储存易燃油品的地上卧式油罐内未充惰性气体的液体表面以上的空间；易燃油品灌桶间中储桶内液体表面以上的空间；易燃油品灌桶棚或露天灌桶场所中油桶内液体表面以上的空间；铁路、汽车油罐车灌装易燃油品时油罐车内液体表面以上的空间；铁路、汽车油罐车密闭灌装易燃油品时油罐车内液体表面以上的空间；易燃油品人工洞石油库油罐内液体表面以上的空间；有盖板的易燃油品隔油池内液体表面以上的空间；含易燃油品的污水浮选罐内液体表面以上的空间；易燃油品覆土油罐内液体表面以上的空间
		汽车加油加气站：埋地卧式汽油储罐内部油品表面以上的空间；地面油罐和油罐车内部的油品表面以上空间
1区	定义	1区应为正常运行时可能出现爆炸性气体混合物的环境
	示例	氢气站：制氢间、氢气纯化间、氢气压缩机间、氢气灌瓶间等爆炸危险间
		乙炔站：发生器间、乙炔压缩机间、灌瓶间、电石渣坑、丙酮库、乙炔汇流排间、空瓶间、实瓶间、贮罐间、电石库、中间电石库、电石渣泵间、乙炔瓶库、露天设置的贮罐、电石渣处理间、净化器间
		加氢站：加氢机内部空间；室外或罩棚内储氢罐或氢气储气瓶组；氢气压缩机间的房间内的空间；撬装式氢气压缩机组的设备内
		石油库：易燃油品设施的爆炸危险区域内地坪以下的坑、沟；储存易燃油品的地上固定顶油罐以通气口为中心、半径为1.5m的球形空间；储存易燃油品的内浮顶油罐浮盘上部空间及以通气口为中心、半径为1.5m范围内的球形空间；储存易燃油品的浮顶油罐上部至罐壁顶部空间；储存易燃油品的地上卧式油罐以通气口为中心、半径为1.5m的球形空间；易燃油品泵房、阀室及燃油品泵房和阀室内部空间；易燃油品灌桶棚或露天灌桶场所的以灌桶口为中心、半径为1.5m的球形空间；铁路、汽车油罐车卸易燃油品时以卸油口为中心、半径1.5m的球形空间和以密闭卸油口为中心、半径0.5m的球形空间；铁路、汽车油罐车灌装易燃油品时以油罐车灌装口为中心、半径为3m的球形并延至地面的空间；铁路、汽车油罐车密闭灌装易燃油品时以油罐车灌装口为中心、半径为1.5m的球形空间和以通气口为中心、半径为1.5m的球形空间；易燃油品人工洞石油库中罐室和阀室内部及以通气口为中心、半径为3m的球形空间；通风不良的人工洞石油库的洞内空间；无盖板易燃油品的隔油池内液体表面以上的空间和距隔油池内壁1.5m、高出顶池1.5m至地坪范围以内的空间；含易燃油品的污水浮选罐以通气口为中心、半径为1.5m的球形空间；易燃油品覆土油罐以通气口为中心、半径为1.5m的球形

1区	示例	空间；油罐外壁与护体之间的空间、通道口门（盖板）以内的空间；距易燃油品阀门井内壁1.5m、高1.5m的柱形空间；有盖板的易燃油品管沟内部空间
		汽车加油加气站：汽油、LPG和LNG设施的爆炸危险区域内地坪以下的坑或沟；埋地卧式汽油储罐人孔（阀）井内部空间和以通气管管口为中心、半径为1.5m（0.75m）的球形空间及以密闭卸油口为中心、半径为0.5m的球形空间；汽油的地面油罐、油罐车和密闭卸油口以通气口为中心，半径为1.5m的球形空间和以密闭卸油口为中心，半径为0.5m的球形空间；汽油加油机壳体内部空间；LPG加气机内部空间；埋地LPG储罐人孔（阀）井内部空间和以卸车口为中心、半径为1m的球形空间；地上LPG储罐以卸车口为中心，半径为1m的球形空间；LPG压缩机、泵、法兰、阀门或类似附件的房间的内部空间；CNG压缩机、泵、法兰、阀门或类似附件的房间的内部空间；存放CNG储气瓶组的房间的内部空间；CNG和LNG加气机的内部空间；LGN卸气柱的以密闭式注送口为中心，半径为1.5m的空间
2区	定义	2区应为正常运行时不太可能出现爆炸性气体混合物的环境或即使出现也仅是短时存在的爆炸性气体混合物的环境
	示例	石油库：储存易燃油品的地上固定顶油罐距储罐外壁和顶部3m范围内及储罐外壁至防火堤，其高度为堤顶高的范围内；易燃油品罐桶间有孔墙或开式墙外3m以内与墙等高，且距释放源4.5m以内的室外空间和自地面算起0.6m高、距释放源7.5m以内的室外空间；易燃油品灌桶棚或露天灌桶场所的以灌桶口为中心、半径为4.5m的球形并延至地面的空间；易燃油品汽车油罐车库、易燃油品重桶库房的建筑物内空间及有孔或开式墙外1m与建筑物等高的范围内；燃油品汽车油罐车棚、易燃油品重桶堆放棚的内部空间；铁路、汽车油罐车卸易燃油品时以卸油口为中心、半径为3m的球形并延至地面的空间和以密闭卸油口为中心、半径为1.5m的球形并延至地面的空间；铁路、汽车油罐车灌装易燃油品时以灌装口为中心、半径为7.5m的球形空间和以灌装口轴线为中心线、自地面算起高为7.5m、半径为15m的圆柱形空间；铁路、汽车油罐车密闭灌装易燃油品时以油罐车灌装口为中心、半径为4.5m的球形并延至地面的空间和以通气口为中心、半径为3m的球形空间；通风良好的易燃油品人工洞石油库的洞内主巷道、支巷道、油泵房、阀室及以通风口为中心、半径为7.5m的球形空间、人工洞口外3m范围内的空间；距隔易燃油品的油池内壁4.5m、高出池顶3m至地坪范围以内的空间；距含易燃油品的污水浮选罐外壁和顶部3m以内的范围；以易燃油品覆土油罐的通气口为中心、半径为4.5m的球形空间和以通道口的门（盖板）为中心、半径为3m的球形并延至地面的空间及以油罐通气口为中心、半径为15m、高0.6m的圆柱形空间；距易燃油品阀门井内壁1.5m、高1.5m的柱形空间；无盖板的易燃油品管沟内部空间
		汽车加油加气站：埋地卧式汽油储罐人孔（阀）井外边缘1.5m以内，自地面算起1m高的圆柱形空间和以通气管管口为中心、半径为3m（2m）的球形空间及以密闭卸油口为中心、半径为1.5m的球形并延至地面的空间；汽油的地面油罐、油罐车和密闭卸油口的以通气口为中心，半径为3m的球形并延至地面的空间和密闭卸油口为中心，半径为1.5m的球形并延至地面的空间；以加油机中心线为中心线，以半径为4.5m（3m）的地面区域为底面和以加油机顶部以上0.15m半径为3m（1.5m）的平面为顶面的圆台形空间
		汽车加油加气站：LPG加气机的以加气机中心线为中心线，以半径为5m的

2区	示例	地面区域为底面和以加气机顶部以上 0.15m 半径为 3m 的平面为顶面的圆台形空间；埋地 LPG 储罐距人孔（阀）井外边缘 3m 以内，自地面算起 2m 高的圆柱形空间和以放散管管口为中心、半径为 3m 的球形并延至地面的空间及以卸车口为中心、半径为 3m 的球形并延至地面的空间；地上 LPG 储罐以放散管管口为中心、半径为 3m 的球形空间和距储罐外壁 3m 范围内并延至地面的空间及防护堤内与防护堤等高的空间以及以卸车口为中心、半径为 3m 的球形并延至地面的空间；露天或棚内设置的 LPG 泵、压缩机、阀门、法兰或类似附件的距释放源壳体外缘半径为 3m 范围内的空间和距释放源壳体外缘 6m 范围内，自地面算起 0.6m 高的空间；LPG 压缩机、泵、法兰、阀门或类似附件的房间有孔、洞或开式外墙，距孔、洞或墙体开口边缘 3m 范围内与房间等高的空间；室外或棚内 CNG 储气瓶组（包括站内储气瓶组、固定储气井、车载储气瓶）以放散管管口为中心，半径为 3m 的球形空间和距储气瓶组壳体（储气井）4.5m 以内并延至地面的空间；露天（棚）设置的 CNG 压缩机、阀门、法兰或类似附件的距压缩机、阀门、法兰或类似附件壳体 7.5m 以内并延至地面的空间；距 CNG 和 LNG 加气机的外壁四周 4.5m，自地面高度为 5.5m 的范围内空间；LGN 储罐区的防护堤至储罐外壁，高度为堤顶高度的范围内；当露天设置的 LNG 泵设置于防护堤内时，设备或装置外壁至防护堤，高度为堤顶高度的范围内；当露天设置的水浴式 LNG 气化器设置于防护堤内时，设备外壁至防护堤，高度为堤顶高度的范围内；以 LNG 卸气柱的密闭式注送口为中心，半径为 4.5m 的空间以及至地坪以上的范围内
		发生炉煤气站：煤气发生炉的加煤机与贮煤斗连接，贮煤层为封闭建筑的主厂房；煤气排送机间及煤气净化设备区；煤气管道的排水器室
		乙炔站：气瓶修理间、干渣堆场
		加氢站：以加氢机外轮廓线为界面，以 4.5m 为半径的地面区域为底面和以加氢机顶部以上 4.5m 为顶面的圆台形空间；室外或罩棚内储氢罐或氢气储气瓶组的以设备外轮廓线为界面以 4.5m 为半径的地面区域、顶部空间区域；设备的放空管集中设置时，从氢气放空管管口计算，半径为 4.5m 的空间和顶部以上 7.5m 的空间区域；氢气压缩机间的以房间的门窗边沿计算，半径为 4.5m 的地面、空间区域；氢气压缩机间的从氢气放空管管口计算，半径为 4.5m 的区域和顶部以上 7.5m 的空间区域；以撬装式氢气压缩机组的外轮廓线为界面，以 4.5m 为半径的地面区域、顶部空间
		氢气站：从制氢间、氢气纯化间、氢气压缩机间、氢气灌瓶间等爆炸危险间的门窗边沿计算，半径为 4.5m 的地面、空间区域；从氢气排放口计算，半径为 4.5m 的空间和顶部距离为 7.5m 的区域；从室外制氢设备、氢气罐的边沿计算，距离为 4.5m，顶部距离为 7.5m 的空间区域；从室外制氢设备、氢气罐的氢气排放口计算，半径为 4.5m 的空间和顶部距离为 7.5m 的区域
20区	定义	20 区应为空气中的可燃性粉尘云持续地或长期地或频繁地出现于爆炸性环境中的区域
	示例	粉尘云连续生成的管道、生产和处理设备的内部区域；持续存在爆炸性粉尘环境的粉尘容器外部
		贮料槽、筒仓等；旋风集尘器和过滤器；除皮带和链式运输机的某些部分外的粉尘传送系统等；搅拌器、粉碎机、干燥机、装料设备等

21 区	定义	21 区应为在正常运行时，空气中的可燃性粉尘云很可能偶尔出现于爆炸性环境中的区域
	示例	含有一级释放源的粉尘处理设备的内部；由一级释放源形成的设备外部场所，在考虑 21 区的范围时，通常按照释放源周围 1m 的距离确定
		当粉尘容器内部出现爆炸性粉尘/空气混合物时，为了操作而频繁移动或打开最邻近出门的粉尘容器外部场所；当未采取防止爆炸性粉尘/空气混合物形成的措施时，在最接近装料和卸料点、送料皮带、取样点、卡车卸载站、皮带卸载点等的粉尘容器外部场所；如果粉尘堆积且由于工艺操作，粉尘层可能被扰动而形成爆炸性粉尘/空气混合物时，粉尘容器外部场所；可能出现爆炸性粉尘云（当时既不持续，也不长时间，又不经常）的粉尘容器内部场所，如自清扫时间间隔较长的筒仓内部（如果仅偶尔装料和/或出料）和过滤器的积淀侧
		发生炉煤气站：焦油泵房和焦油库
22 区	定义	22 区应为在正常运行时，空气中的可燃粉尘云一般不可能出现于爆炸性粉尘环境中的区域，即使出现，持续时间也是短暂的
	示例	由二级释放源形成的场所，22 区的范围应按超出 21 区 3m 及二级释放源周围 3m 的距离确定
		来自集尘袋式过滤器通风孔的排气口，一旦出现故障，可能逸散出爆炸性粉尘/空气混合物；很少时间打开的设备附近场所或根据经验由于高于环境压力粉尘喷出而易形成泄漏的设备附近场所，如气动设备或挠性连接可能损坏等的附近场所；装有很多粉状产品的储存袋，在操作期间，包装袋可能破损，引起粉尘扩散；通常被划分为 21 区的场所，当采取措施时，包括排气通风，防止爆炸性粉尘环境形成时，可以降为 22 区场所，这些措施应该在下列点附近执行：装袋料和倒空点、送料皮带、取样点、卡车卸载站、皮带卸载点等
		形成的可控制（清理）的粉尘层有可能被扰动而产生爆炸性粉尘/空气混合物的场所
		发生炉煤气站：受煤斗室、输碳皮带走廊、破碎筛分间、运煤栈桥
		燃气制气车间：制气车间室内的粉碎机、胶带通廊、转运站、配煤室、煤库和贮焦间
		燃气制气车间：直立炉的室内煤仓、焦仓和操作层
		燃气制气车间：水煤气车间内煤斗室、破碎筛分间和运煤胶带通廊
		露天煤场

注：表 7-1 中内容选自 GB 50058—2014、GB 50031—1991、GB 50028—2006、GB 50156—2012、GB 50074—2014、GB 50195—2013、GB 50516—2010、GB 50177—2005 及 GB 12476.3—2007 等标准

附表 7-2　烟花爆竹的工作间和仓库的危险场所类别

名称	危险等级	工作间和仓库名称	危险场所类别	防雷类别
黑火药	A3	三成分混合，造粒、干燥、凉药、筛选、包装	I	一
	C	硫碳二成分混合，硝酸钾干燥，粉碎和筛选，硫、碳粉碎和筛选	III	三
烟火药	A2	含氯酸盐或高氯酸盐的烟火药，摩擦类药剂，爆炸音剂，笛音剂等的混合或配制、造粒、干燥、凉药	I	一
	A3	不含氯酸盐或高氯酸盐的烟火药的混合或配制、造粒、干燥、凉药		
	C	称原料、氯酸钾的过氧酸钾粉碎、筛选	II	三
爆竹	A2	含氯酸盐或高氯酸盐的爆竹药的混合或配制、装药	I	一
	A3	不含氯酸盐或高氯酸盐的爆竹药的混合、装药	I	
		已装药的钻孔、切引、机械压药	II	二
	C	称原料，不含氯酸盐或高氯酸盐的爆竹药的筑药、插引、挤引、结鞭、包装	III	三
烟花	A2	筒子并装药珠、上引线、干燥	I	一
	A3	筒子单发装药、筑药、机械压药、钻孔、切引	II	二
	C	蘸药、按引、组装、包装	III	三
礼花弹	A2	称量、装药、装珠、晒球、干燥	I	一
	A3	上发射药、上引线	II	二
	C	油球、打皮、皮色、包装	III	三
引火线	A2	含氯酸盐的引药的混合，干燥、凉药、制引、浆引、凉干、包装	I	一
	A3	黑药的三成分混合、干燥、凉药、制引、浆引、凉干、包装		
	C	硫、碳二成分混合，硝酸钾干燥、粉碎和筛选，硫、碳粉碎和筛选	III	三
	C	氯酸钾粉碎和筛选	II	二
仓库	A2	引火线，含氯酸盐或高氯酸盐的烟火药、爆竹药，爆炸音剂、笛音剂	I	一
	A3	黑火药，不含氯酸盐或高氯酸盐的烟火药、爆竹药、大爆竹、单个产品装药在40g以上的烟花或礼花弹，已装药的半成品，黑药引火线	II	二
	C	中、小爆竹，单个产品装药在40g以下的烟花或礼花弹	II	二

附表 7-3　危化环境的防雷分类表

名称	防雷类别
爆炸品	按《爆炸火灾危化环境的防雷分类表》（附表7-1）进行划分
易燃液体	按《爆炸火灾危化环境的防雷分类表》（附表7-1）进行划分
易燃固体、自燃物品和遇湿易燃物品	按《爆炸火灾危化环境的防雷分类表》（附表7-1）进行划分
压缩气体和液化气体	二类（所在建筑物的年雷击次数大于0.05次） 三类（所在建筑物的年雷击次数不大于0.05次）
氧化剂和有机过氧化物	二类（所在建筑物的年雷击次数大于0.05次） 三类（所在建筑物的年雷击次数不大于0.05次）
有毒品	二类（所在建筑物的年雷击次数大于0.05次） 三类（所在建筑物的年雷击次数不大于0.05次）
剧毒品	二类
放射性物品	二类
腐蚀品	二类（所在建筑物的年雷击次数大于0.05次） 三类（所在建筑物的年雷击次数不大于0.05次）

附录 8：新（改、扩建）建筑物防雷装置隐蔽工程跟踪检测原始记录表

防雷装置跟踪检测隐蔽工程

原 始 记 录

记 录 编 号：＿＿＿＿＿＿＿＿

防雷检测机构名称

须　知

一、从开始到竣工，在下述施工环节和时间介入跟踪检测

1. 基础：于接地体焊接完毕浇混凝土或砌砖、填土覆盖前。

2. 相关楼层：包括首层、各设均压环层、各屋面层、其他需抽查楼层。

（1）首层：接地体、接地线及预留等电位、电气、其他接地端子连接安装完毕浇混凝土或砌砖、填土覆盖前；

（2）各设均压环层：均压环与引下线连接及预留等电位、电气、其他接地端子连接安装完毕浇混凝土或砌砖覆盖前；

（3）各屋面层：同一天面接闪器与引下线连接、暗敷接闪带、避雷网格、预留等电位、电气及其他接地端子连接安装完毕浇混凝土或砌砖、填土覆盖前；

（4）其他需抽查楼层：根据实际施工情况随机抽查，对相关设计施工内容（如设计需预留等电位及其他接地端子、设计有玻璃幕墙等）在其施工完毕覆盖前。

二、实测结果的具体填写

各项目下各小项实测结果填写，根据实际检测情况填写，对各小项实测点较多的可根据现场检测的测量结果、检查结果、导出结果，与施工设计、相关规范和标准要求进行比较判断后用文字定性表述，填"符合要求"或"不符合要求"。

检测结论和复检结论，在每个环节检测完毕或完成整改后复检应及时填写，根据该项目下各小项的实测情况，填"符合要求"或"不符合要求"。

综合评定在整个工程跟踪检测全部完成后填写，根据各项目检测结论和复检结论，填"符合要求"或"不符合要求"。

"符合要求"：该项目下各小项均符合要求。

"不符合要求"：该项目下各小项有不符合要求的，此时应及时通过存在问题通知书明确指出不符合之处，以便施工单位返工整改。

三、隐蔽部分检测记录作为竣工检测的基础资料，须经建设或监理、施工、检测三方人员签名方为有效。

记录编号：　　　　　　　　　　　　　　　　　　　第　页　共　页

建设工程名称			
建设工程地址			
建设单位名称		联 系 人	
		联系电话	
施工单位名称		联 系 人	
		联系电话	
监理单位名称		联 系 人	
		联系电话	
检测单位项目负责人		联系电话	
建设工程开工时间		建设工程竣工时间	
施工设计核准书文号		防雷类别	
检测依据			
检测主要仪器设备名称及编号			
综　合　评　定			

检测人员：　　　　　　施工人员：　　　　　　建设方或监理现场负责人：

记录编号：　　　　　　　　　　　　　　　　　　　第　页　共　页

基础层——接地体、引下线、预留电气（等电位）接地端等检测			
检 测 项 目			实 测 结 果
接地装置	防直击雷、防雷电感应、电气设备和信息系统等接地分设或合设		
	互不相连的接地装置之间及其与金属物、电气线路之间的距离		
	人工接地体远离高温影响使土壤电阻率升高的地方		
	人工接地体距出入口或人行道≥3m或相关措施		
	自然接地体（基础）	桩利用系数	
		利用桩主筋数及材料规格	
		利用地梁（承台）主筋数及其材料规格	
		利用柱主筋数及材料规格	
		柱主筋与地梁（承台）、桩主筋相互连接质量	
	人工接地体	垂直接地极（体）长度、材料、规格	
		水平接地极（体）材料、规格	
		接地极（体）间距、埋设深度	
		接地线材料、规格	
		接地线、接地极相互间连接质量	
	电阻值（Ω）		
引下线（接地上引部分）	引下线根数、间距		
	按图施工，边角、拐弯处设置引下线		
	标识清楚		
	材料规格（柱内主筋≥2条）		
	相互间连接质量		

记录编号：　　　　　　　　　　　　　　　　　　　　第　页　共　页

预留电气及等电位连接（包括电梯、金属管道）接地	数量和位置符合施工设计，标识清楚	
	连接导体材料规格	
	连接质量	
其　他		
检测结论	检测员：　　　　　　　　　　　　　　　　年　月　日	
反馈意见	施工方签字： 　　　　　　　　　年　月　日	建设方或监理方签字： 　　　　　　　年　月　日
复检结论	检测员：　　　　　　　　　　　　　　　　年　月　日	
备注		

记录编号：   第 页 共 页

第____层引下线、预留电气（等电位）接地端、玻璃幕墙接地等检测	
检 测 项 目	实 测 结 果
引下线 / 引下线根数、间距（m）	
引下线 / 按图施工，标识清楚	
引下线 / 材料规格（柱内主筋≥2条）	
引下线 / 相互间连接质量	
预留电气及等电位连接（包括电梯、金属管道）接地 / 数量和位置符合施工设计，标识清楚	
预留电气及等电位连接（包括电梯、金属管道）接地 / 连接导体材料规格	
预留电气及等电位连接（包括电梯、金属管道）接地 / 连接质量	
幕墙接地	
屏蔽措施或其他	
检测结论	检测员： 施工方签字： 建设方或监理方签字： 年 月 日
复检结论或备注	检测员： 施工方签字： 建设方或监理方签字： 年 月 日

防雷工程与检测实用技术

记录编号：　　　　　　　　　　　　　　　　　　　　第　页　共　页

__m高度第____层均压环层检测 （首层均压环起始高度____m）		
检 测 项 目		实 测 结 果
均 压 环	环间距离（m）	
	均压环材料规格	
	与引下线（柱筋）连接导体材料规格	
	与引下线（柱筋）连接质量	
	与外墙金属门窗或栏杆连接（材料规格、连接质量）	
引 下 线	引下线根数、间距（m）	
	按图施工、标识清楚	
	材料规格（柱内主筋≥2条）	
	连接质量	
预留电气及等电位连接（包括电梯、金属管道）接地端	数量和位置符合施工设计，标识清楚	
	连接导体材料规格	
	连接质量	
幕墙接地		
其 他		
检测结论	检测员：　　　　施工方签字：　　　　建设方或监理方签字： 　　　　　　　　　　　　　　　　　　　　年　　月　　日 ||
复检结论或备注	检测员：　　　　施工方签字：　　　　建设方或监理方签字： 　　　　　　　　　　　　　　　　　　　　年　　月　　日 ||

记录编号：   第 页 共 页

__ m高度屋面层接闪器、避雷网格、金属物连接等隐蔽部分检测		
检 测 项 目		实 测 结 果
接 闪 器	连接接闪器引下线根数、间距	
	暗敷接闪带材料规格	
	连接形式与质量	
	接闪器与引下线连接导体材料规格	
	接闪器与引下线连接质量	
屋面避雷网格	网格尺寸	
	网格材料规格（mm）	
	网格连接质量	
屋面其他金属物、设施与防雷装置相连	连接导体材料规格	
	连接质量	
其 他		
检 测 结 论	检测员： 施工方签字： 建设方或监理方签字： 年 月 日	
复 检 结 论 或 备 注	检测员： 施工方签字： 建设方或监理方签字： 年 月 日	